글 테크노사이언스 · 그림 아그네세 바루치

다산
어린이

놀면서 즐겁게 배우는 수학?
할 수 있습니다. 반드시 해야 합니다!

아이들이 수학을 꾸준히 공부하려면, 어릴 때부터 즐겁게, 그리고 쉽게 배워야 합니다. 즐거움은 학습의 강력한 동기가 되며, 높은 성취감을 심어 주기 때문입니다. 하지만 막상 수학을 어떻게 재미있게 가르쳐야 할지 엄두가 나지 않지요. 그런 고민이 있는 부모님들을 위해, 즐겁게 수학을 배울 수 있는, 미치도록 재미있는 수학 교재 〈수빠맨〉을 준비했습니다.

수학에 빠진 전 세계 아이들이 맨 처음 선택한 기초 교재, 〈수빠맨〉은 재미있고 흥미진진한 이야기를 초등 수학의 네 가지 학습 영역으로 구성하여, 다채로운 수학 문제 풀이 활동을 할 수 있도록 했습니다. 여러 가지 수학 놀이 활동을 하는 동안, 초등 수학 전 과정에 걸쳐 핵심 개념을 습득할 수 있습니다.

이 책은 단원마다 짧은 이야기에서부터 시작합니다. 기발하면서도 재미난 상상이 가득한 이야기를 읽고 이야기와 긴밀하게 이어져 있는 수학 문제를 풀어 나가면서 수학 독해력을 기르는 훈련을 하게 되지요. 더 나아가 생활과 수학이 밀접하게 연관되어 있다는 것을 체득하며 수학에 대한 호기심과 흥미가 자연스럽게 생길 것입니다.

〈수빠맨〉은 수학 개념을 무작정 외우는 대신, 아이들 스스로 수학 개념을 익힐 수 있도록 설계했습니다. 책에 있는 여러 수학 활동들을 아이들 '스스로' 할 수 있도록 도와주세요. 스스로 문제를 해결해 가면서 수학에 대한 자신감을 기를 수 있을 테니까요.

•기다려 주세요!

　아이가 문제를 풀 때까지 시간이 오래 걸릴 수 있습니다. 또 책을 다 풀지 않고 중간에 덮어 버리거나, 어떤 문제는 건너뛸 수도 있습니다. 그것만으로 수학을 포기했다고 단정하지 마세요. 그저 아이를 믿고 기다려 주세요.

•답을 알려 주는 대신, 질문을 하세요!

　아이들이 어떻게 풀어야 하는지, 답이 무엇인지 모르겠다고 했을 때 바로 답을 알려 주지 마세요. 대신 질문을 통해 아이들을 정답으로 유도해 주세요. 문제를 다시 잘 읽어 보도록 독려하거나, 막힌 부분이 무엇인지 물어보고 아이 스스로 답을 찾아 나갈 수 있도록 도와주세요.

•수학 문제 해결의 첫 단계는 이해라는 점을 잊지 마세요!

　수학 공부를 막 접하는 초등 저학년일수록 문제만 읽고 무턱대고 계산하거나 문제 푸는 공식만 외지 않도록 주의해야 합니다. 대신 한 문제를 풀더라도 아이가 문제를 제대로 이해할 수 있도록 시간을 충분히 주세요. 또한 아이들이 수학 문제의 답을 잘 맞히는 것보다, 문제를 어떻게 풀었는지 설명하는 것을 습관화할 수 있게 도와주세요. 어떤 풀이 과정을 거쳐 답을 구했는지 아는 것이 가장 중요합니다.

•생활에서 수학을 찾아보세요!

　아이들이 생활 속에서 수를 발견하도록 도와주세요. 여러 활동을 하는 동안 수학이 언제, 어떻게 쓰이는지 물어보고 이야기해 주세요. 이 책을 읽고 난 뒤에는 생활에서 수학이 어떻게 적용되고 실현되는지 아이와 함께 찾아보세요.

초등학생을 위한 최고의 수학 학습서 <수빠맨>

우리가 늘 해 온, 익숙한 수학 공부는 어떤 형태일까요? 여러 가지 수학적 개념과 공식을 외우고 이해하는 것, 그리고 그 이해를 바탕으로 이런저런 문제를 푸는 것을 떠올릴 수 있습니다. 하지만 초등학생에게 그와 같은 학습 방법을 그대로 적용하는 게 반드시 옳지는 않습니다. 그러한 정통의 수학 학습법은 조금 나중에 한다고 하더라도 늦지 않습니다. 수학을 이제 막 시작하는 초등학생은 수학과 친숙해지는 방식으로 공부하는 것이 훨씬 더 중요합니다.

시중에는 연산 훈련을 하는 교재나 부모님과 아이가 함께 공부할 수 있는 수학 교재가 많이 있습니다. 처음 출판사에서 초등학생을 대상으로 수학책을 펴낸다고 들었을 때 기존에 있는 다른 책들과 무엇이 다를까 궁금했습니다. 그리고 이 책을 살펴보고 나니 확신할 수 있었습니다. <수빠맨>은 아주 특별한 책이라는 것을 말입니다. 이 책은 조금만 살펴보아도 어떻게 전 세계 어린이들의 마음을 사로잡았는지 알 수 있습니다. 아이들의 시선을 끄는 캐릭터와 함께 다양한 환경에서 일어나는 재미있는 이야기들로 가득 차 있는 책이거든요.

<수빠맨>은 평범하고 시시한 수학 학습서가 아닙니다. 등장하는 캐릭터와 이들이 끌어가는 이야기가 재미있기도 하지만 무엇보다도 수학적인 내용이 알찹니다. 수와 연산, 도형과 측정, 규칙과 추론 등 초등학교 수학 교육 과정에 등장하는 필수적인 내용이 충실하게 담겨 있습니다. 아이들은 이 책을 펼쳐 여러 가지 수학 활동을 하는 동안 자연스러운 사고 흐름에 따라 마치 게임을 하듯 공부할 수 있습니다. 높은 수준의 집중력을 발휘하지 않더라도 퀴즈를 풀고, 도형과 전개도를 오리고, 스티커를 붙이면서 수학적 개념을 이해하고 문제를 해결할 수 있도록 구성되어 있습니다.

　이 책은 단원마다 짧은 이야기에서부터 시작합니다. 기발하면서도 재미난 상상이 가득한 이야기를 읽고 이야기와 긴밀하게 이어진 수학 문제를 풀어 나가면서 수학 독해력을 기르는 훈련을 할 수 있습니다. 여러 가지 이야기들을 통해 수학이 생활과 밀접하게 연관되어 있다는 것을 체득하며 수학에 호기심과 흥미가 자연스럽게 생길 수 있도록 돕습니다.

　초등학교 때에는 수학을 꼭 남들보다 더 잘할 필요는 없습니다. 수학과 친해지고 수학에 대한 자신감을 가지는 것이 수학 문제를 잘 푸는 것보다 더 중요합니다. 학습 진도를 정규 과정보다 많이 앞서 나가지 않아도 됩니다. 호기심과 집중력을 가지고 공부하기만 하면 수학은 아주 재미있는 공부라는 것, 열심히 하면 나도 수학을 잘할 수 있다는 것을 느끼게 해 주면 됩니다. 수학에 흥미와 자신감이 있으면 때때로 너무 어려운 문제가 나오더라도 쉽게 포기하지 않고 문제를 스스로 해결하기 위해 부딪히고 애쓸 힘이 생깁니다.

　그런 의미에서 〈수빠맨〉은 초등학생들을 위한 최고의 수학 학습서 중 하나라고 확신합니다. 아이 스스로, 또는 부모와 함께 〈수빠맨〉으로 재미있게 수학 공부를 하다 보면 저절로 수학과 친해질 것입니다.

송용진
(수학자, 인하대학교 명예 교수)

한국을 대표하는 위상수학자입니다. 서울대학교 수학과를 졸업하고 미국 오하이오주립대에서 박사학위를 받았습니다. 오랫동안 영재교육과 수학올림피아드에 대한 일을 해 왔으며 지금은 국제수학올림피아드 선출직 위원(IMO BOARD MEMBER)으로 활동하고 있습니다. 쓴 책으로 《수학은 우주로 흐른다》, 《영재의 법칙》, 《수학자가 들려주는 진짜 논리 이야기》 등이 있습니다.

우리 삶 속에서 자료를 읽고 해석하는 능력은 아주 중요해요.
그러려면 수많은 자료를 잘 정리해서 바르게 읽어야 하지요.
그래프는 여러 가지 자료를 분석해서
그 변화를 한눈에 볼 수 있도록 나타낸 거예요.
이번 학습에 나오는 다양한 자료를 읽고 조사해서
그림그래프, 막대그래프, 표 등
여러 가지 그래프로 나타내 봐요.
또한 벤 다이어그램으로 자료를 분류하고
추리는 과정을 익혀 봅시다.

안녕 친구들!
나는 갠돌프라고 해요. 논리학자 기사단의 수학 마법사랍니다.
나와 함께 논리적 사고와 그래프 표현으로 가득한 이곳으로
모험을 떠나 보는 게 어때요?

메디안 왕국이라는 곳에 나의 친구들이 살고 있는데
거기에 큰 불꽃들이 나타나서 백성들이 아주 위험한 상황이라는군요.
프로린 왕자와 오릴드 공주, 그리고 난쟁이 광부들 모두가 걱정이
이만저만이 아니에요.
우리는 잘 훈련된 슬기롭고 지혜로운 사람들이 필요하답니다.
메디안 왕국에는 보물을 보호하는 숫자, 그래프 정보들이 숨겨져 있거든요. 그래서
여러분이 필요한 거예요.
난쟁이들은 자기들이 알고 있는 지식을 그래프, 표, 수열로 나타낼 거예요. 그러면
우리는 난쟁이들이 주는 정보를 해석하고 해결하면 됩니다.

난쟁이들이 주는 정보들은 다음과 같아요.

막대그래프

가로 또는 세로 막대를 이용해서 자료
를 그래프로 표현한 거예요. 한눈에 많
고 적음을 파악하기 쉬워요.

벤 다이어그램

서로 다른 집합들 사이의 관계를 도형으로
나타낸 거예요.
두 개 이상의 도형이 겹치는 부분을 **교집합**
이라고 해요.

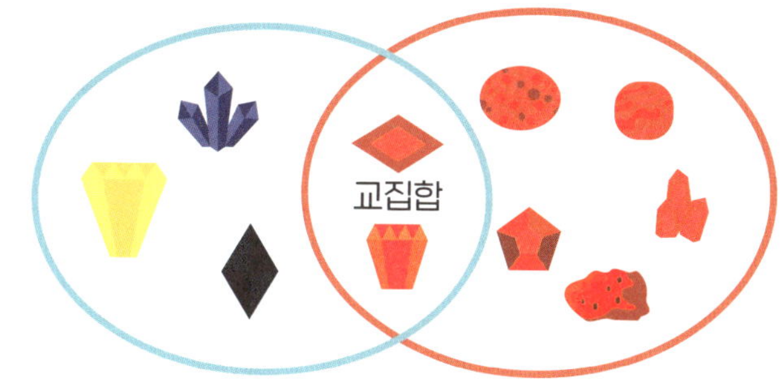

논리 문제

그 내용이 참인지 거짓인지를 명확하게 판
별할 수 있는 문장이나 식을 **명제**라고 해요.
이렇게 참과 거짓을 따져 가는 과정과 절차
를 **논리**라고 합니다.
'만약~이면 ~이다.', '그리고', '또는' 등을 사용
할 수도 있어요.
오른쪽에 보이는 문제처럼 여러 가지 규칙
에 따라 논리적으로 문장을 해석하기도 한
답니다.

N이 동굴 밖으로 나왔어요. Λ 도시를 향해
W를 던졌지요.
→ 건물이 비어 있지 **, W는 모든 주민을 죽였을지도 몰라요.
다행히 난쟁이들은 집에 있지 않았어요.
Λ 염소들은 들판에 나가 있었지요.
그 후에 L은 N을 공격하기로 했어요.
L은 N을 이길 ↔ 쉴 수 있을 것이며,
V 그는 죽을 것이라는 사실을 알고 있었어요.
엄청난 전투였어요. 칼이 부딪히는 굉음에 귀가 멀 것만 같았지요.
두 왕은 최선을 다해 F.
L이 N을 무찔렀고, 그 후에 그는 겨우 쉴 수 있었습니다.

규칙적인 배열(수열)

숫자, 도형 등을 순차적이고, 규칙적으로 나열한 것이에요.

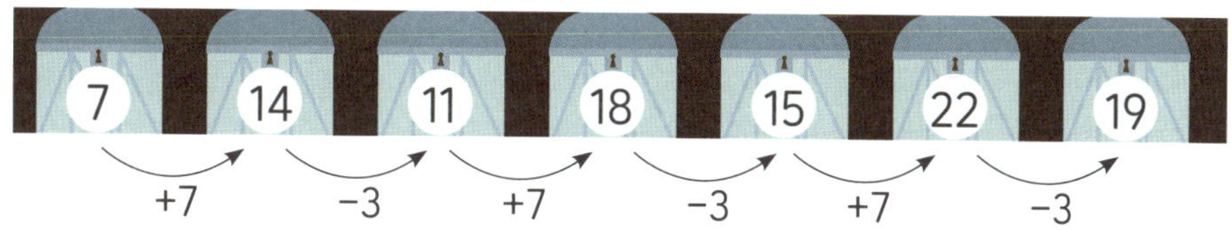

룬

고대 북유럽 사람들이 사용하던 룬 언어의
문자입니다.

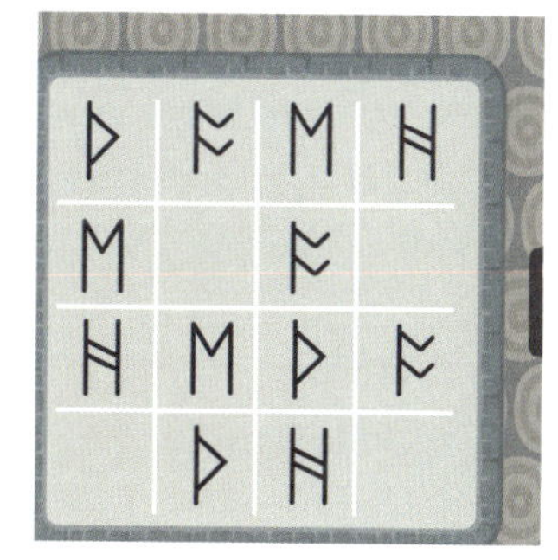

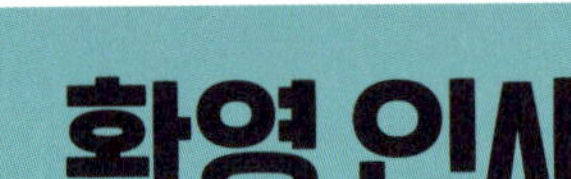

메디안 왕국에는 논리 산맥이 있답니다.

뾰족한 봉우리들이 하늘까지 닿고, 지구 중심까지 뿌리내린 바위들이 줄지어 서 있어요. 바로 여기서 난쟁이족이 논리 광산을 뚫고 거대한 숫자 광석을 찾아내요. 모든 왕국에서 필요로 하는 숫자와 논리 연산이 이 숫자 광석으로부터 나온답니다.

이 광산의 주인은 프로린 왕자와 오릴드 공주예요. 이 두 사람은 난쟁이 광부들의 업무를 감독하고, 광산을 방문하는 사람들을 맞이하지요.

오릴드 공주

프로린 왕자

이번에 방문한 사람은 그들의 친구 갠돌프예요.

갠돌프는 모든 왕국 전체에서 가장 중요한 수학자이자 논리학자랍니다. 마법사이기도 하지요.

"내 친구 갠돌프!"

프로린 왕자가 두 팔 벌려 환영하자, 갠돌프가 고개를 숙여 인사했어요.

"프로린, 오릴드!"

오릴드 공주가 잔뜩 기대한 얼굴로 말했어요.

"이곳에 와 주시다니 영광이에요. 메디안 왕국의 거대한 광산을 보여 드리고 싶어요."

갠돌프

바위 문을 열어라!

프로린 왕자와 오릴드 공주, 갠돌프는 거대한 바위문 앞에 멈춰 섰어요.
"우리 왕국은 게임을 해야 안으로 들어갈 수 있다는 사실을 잘 알고 계시죠?"
프로린 왕자가 웃으며 말했어요.
"광산으로 들어가는 문을 열 수 있는 암호를 찾아보세요. 암호는 두 글자이며, 바위문에 뒤죽박죽
쓰인 말들을 보고 떠올릴 수 있는 단어예요."
암호는 무엇일까요?

계속 커지는 도시

거대한 문이 끼익 소리를 내며 천천히 열립니다. 바위문 뒤에는 어둡고 차가운 터
널이 있었어요. 오릴드 공주와 프로린 왕자는 곧바로 터널 속으로 걸어 들어가
고, 갠돌프도 이 둘을 따릅니다.
"내가 기대하던 것과는 좀 다르군…."
갠돌프가 툴툴거립니다.
"더 웅장한 것을 기대했죠? 몇 분만 더 기다려 보세요!"
프로린 왕자는 웃으며 말했어요. 정확히 2분 뒤, 세 사람은 터널 밖으로 나와
밝은 빛이 새 나오는 거대한 동굴로 들어갔어요.
거대한 동굴 중심에는 웅장한 에메랄드와 사파이어로 장식된 메디안 시가 있었어요.
갠돌프의 눈이 휘둥그레졌지요.
"이 도시는 계속해서 커지고 있어요. 왜냐하면 인구가 점점 늘어나고 있거든요."
오릴드 공주가 갠돌프에게 석판 하나를 내밀었어요.
"얼마나 많은 난쟁이들이 여기 정착했는지 좀 보세요!"
그 석판에는 연도별로 메디안 시의 난쟁이 인구수가 기록되어 있었어요.

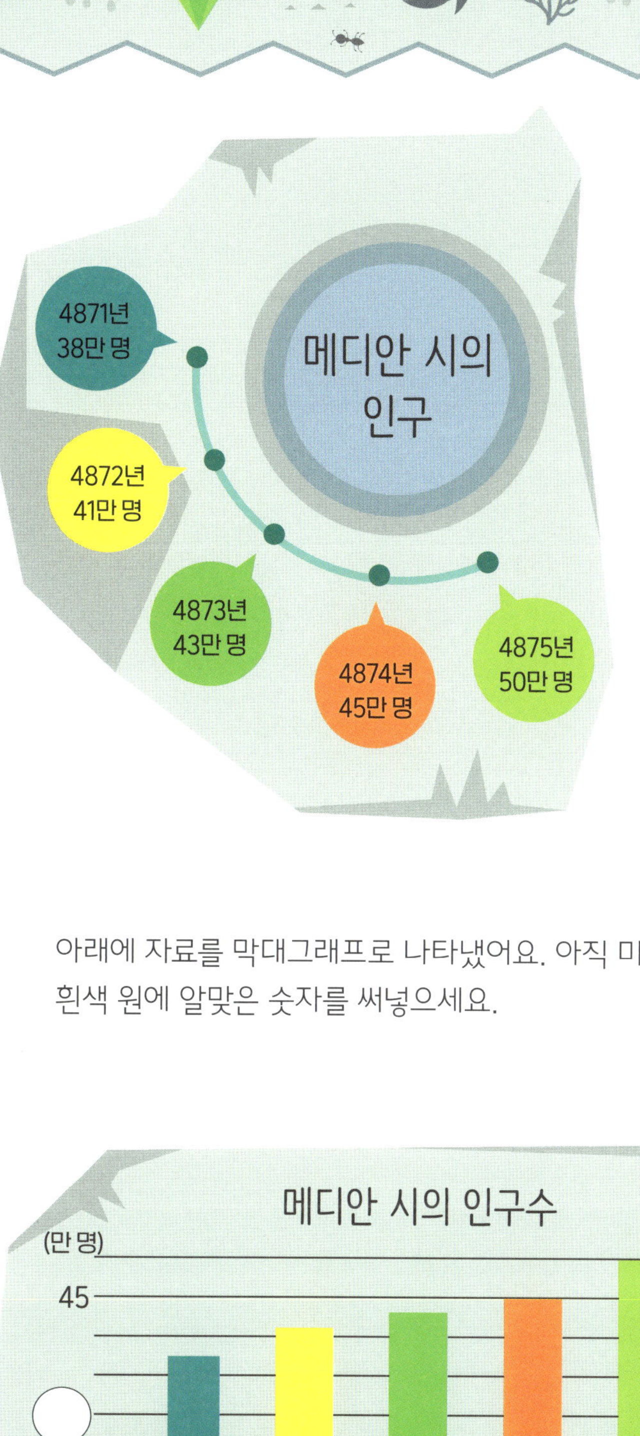

오릴드 공주가 보여 준 왼쪽 석판의 기록에서
어떤 사실을 알 수 있나요?
석판의 기록을 보고 알 수 있는 사실이면 ○,
알 수 없는 사실이면 X 표시를 하세요.

- 4871년과 4874년의 인구수의 차 ……
- 공휴일에 도시를 떠나는 난쟁이 수 ……
- 인구가 가장 많은 해 ……
- 4870년과 4876년의 인구수의 합 ……

아래에 자료를 막대그래프로 나타냈어요. 아직 미완성 상태죠.
흰색 원에 알맞은 숫자를 써넣으세요.

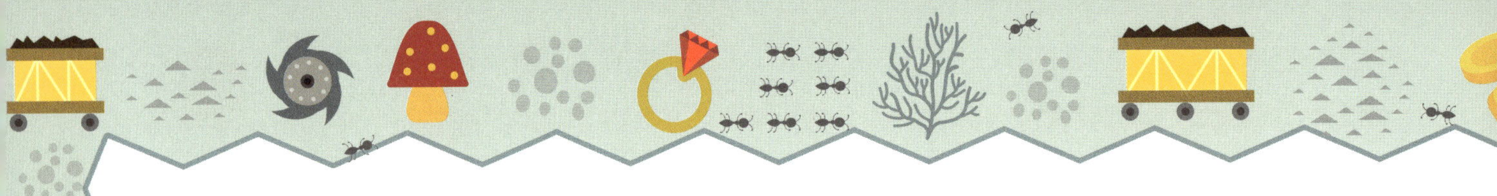

알록달록 멋진 난쟁이들

오릴드 공주가 막대그래프의 4875년 막대를 누르자 그림이 차르륵 다시 한번 바뀝니다.

난쟁이들은 알록달록 여러 가지 아름다운 머리카락 색을 가지고 있대요.

그래서 오릴드 공주는 4875년 어떤 마을의 난쟁이 수를 머리카락 색에 따라 조사해 봤답니다.

| 회색 | 금색 | 연갈색 | 검은색 | 흰색 | 빨간색 | 갈색 |

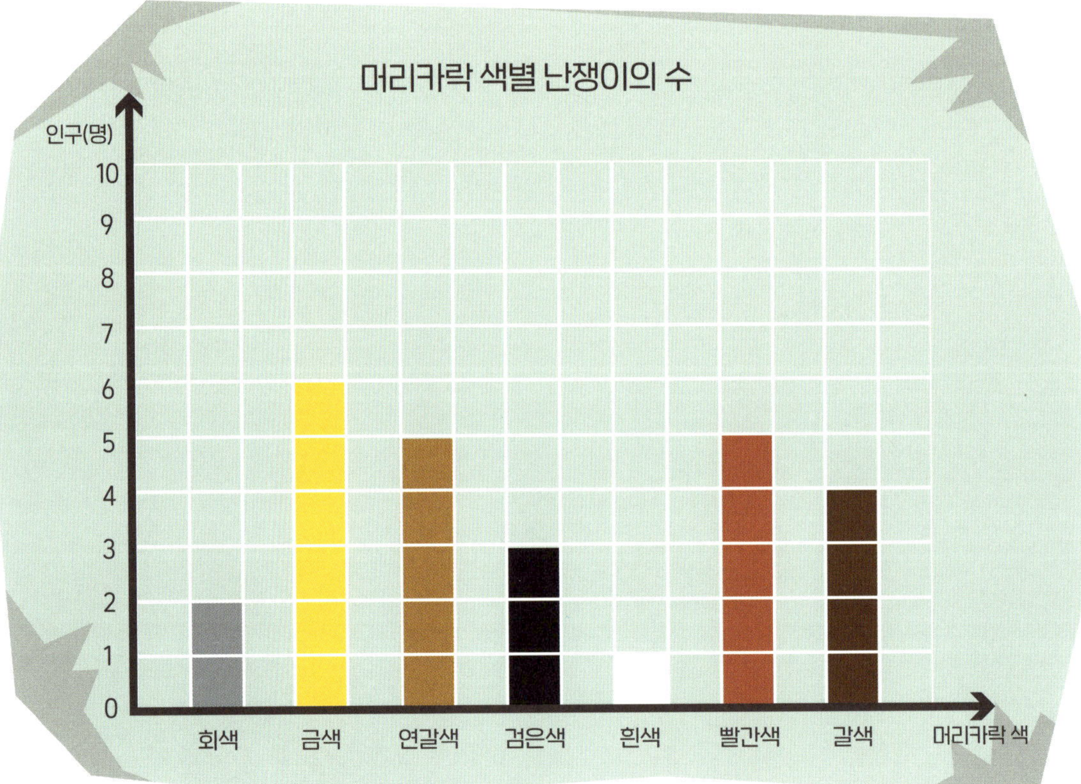

- 가장 많은 머리카락 색은 무엇인가요? ....
- 가장 적은 머리카락 색은 무엇인가요? ....
- 갈색 머리카락을 가진 난쟁이는 몇 명인가요? ....
- 회색 머리카락을 가진 난쟁이는 몇 명인가요? ....
- 빨간색과 검은색 중 어떤 머리카락 색이 더 많은가요? ....

   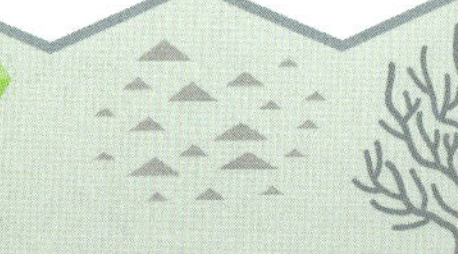    

막대그래프를 보고 머리카락 색별로 알맞은 난쟁이 수의 스티커를 붙여 보세요.

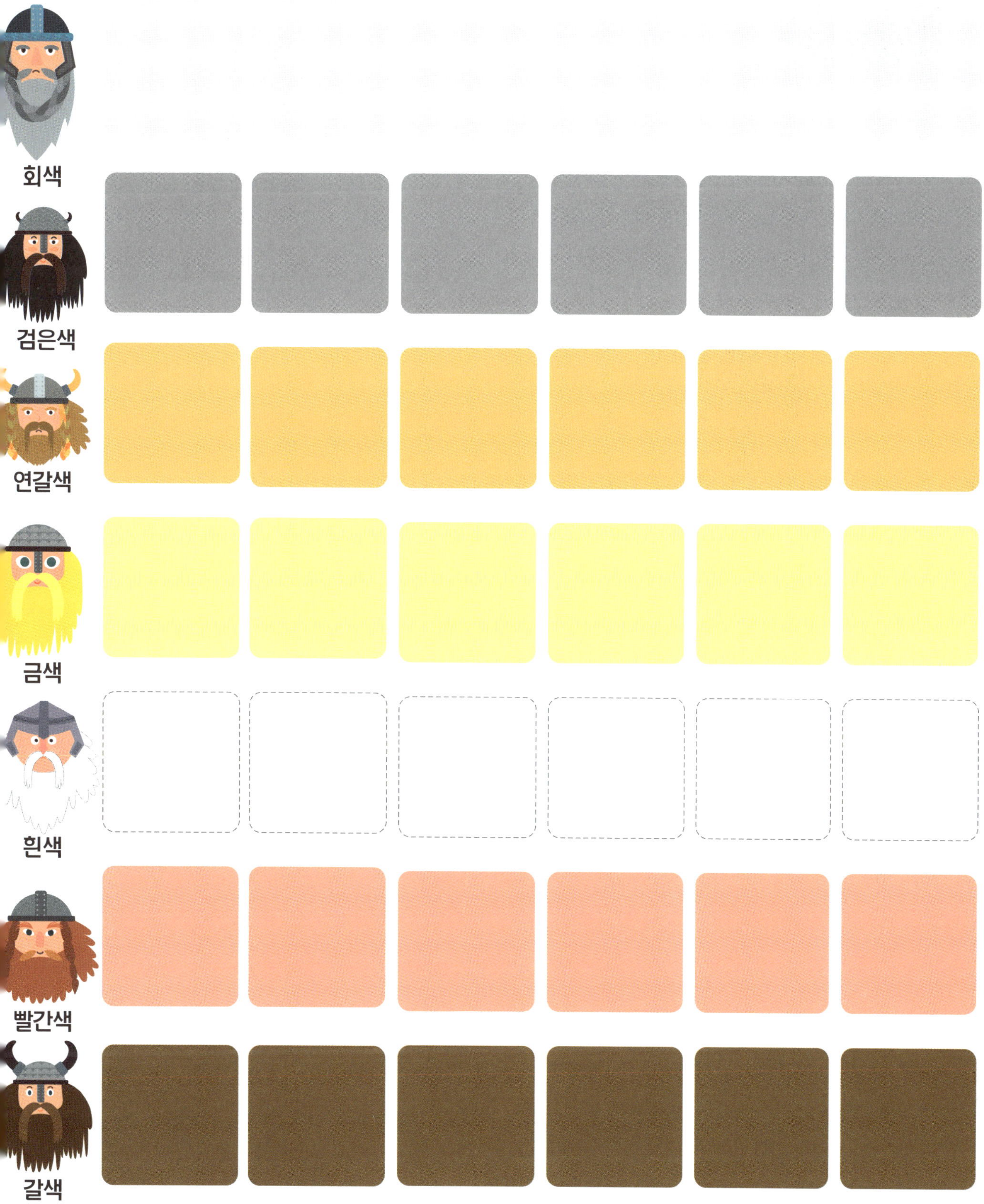

회색

검은색

연갈색

금색

흰색

빨간색

갈색

15

규칙적인 무늬

웅장한 광산 도시에 도착했어요. 여러 가지 모양의 파란색, 초록색 집 사이사이를 요리조리 지나가면서 갠돌프는 규칙이 있는 아름다운 무늬들을 발견했어요.
프로린 왕자가 자랑스럽게 말했어요.
"광장과 건물을 장식할 때 우리는 기하학적인 무늬를 사용하거나 규칙을 이용해 도시를 꾸밉니다."

한 건물 앞에서 난쟁이들이 아름답게 꾸며진 보도블록을 깔고 있어요. 난쟁이들이 이 일을 빨리 끝낼 수 있도록 규칙에 맞게 보도블록 스티커를 붙여 주세요.

난쟁이 붐버는 건설을 총감독하는 역할이에요. 붐버가 들고 있는 그림은 건물 외벽을 장식하는 데 필요한 규칙을 나타내요.
규칙을 참고해서 건물 외벽을 장식하는 것을 도와주세요. 빈칸에 알맞은 도형 조각 스티커를 붙이면 됩니다.

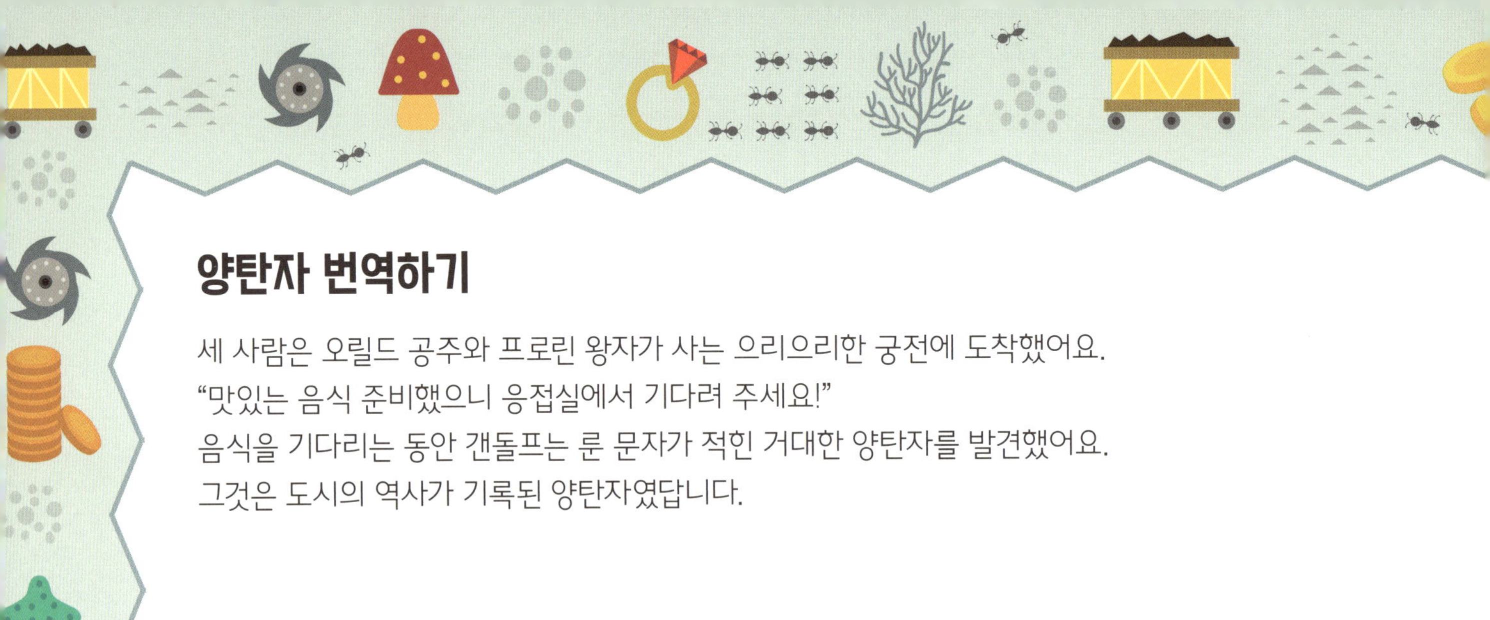

양탄자 번역하기

세 사람은 오릴드 공주와 프로린 왕자가 사는 으리으리한 궁전에 도착했어요.
"맛있는 음식 준비했으니 응접실에서 기다려 주세요!"
음식을 기다리는 동안 갠돌프는 룬 문자가 적힌 거대한 양탄자를 발견했어요.
그것은 도시의 역사가 기록된 양탄자였답니다.

N이 동굴 밖으로 나왔어요. **Λ** 도시를 향해

W를 던졌지요.

→ 건물이 비어 있지 ✱✱, **W**는 모든 주민을 죽였을지도 몰라요.

다행히 난쟁이들은 집에 있지 않았어요.

Λ 염소들은 들판에 나가 있었지요.

그 후에 **L**은 **N**을 공격하기로 했어요.

L은 **N**을 이길 **↔** 쉴 수 있을 것이며,

V 그는 죽을 것이라는 사실을 알고 있었어요.

엄청난 전투였어요. 칼이 부딪히는 굉음에 귀가 멀 것만 같았지요.

두 왕은 최선을 다해 **F**.

L이 **N**을 무찔렀고, 그 후에 그는 겨우 쉴 수 있었습니다.

역시 수학 마법사는 생각하는 걸 좋아하나 봐요.
그사이 룬 문자로 쓰인 이야기를 갠돌프가 번역하고 있군요.
다음 힌트를 사용해 갠돌프를 도와주세요.

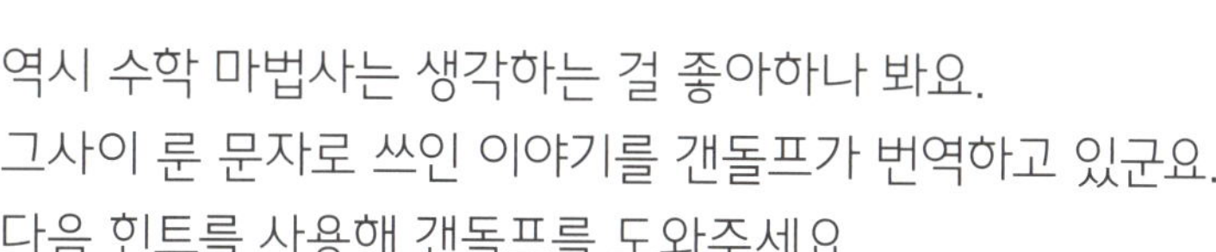

난쟁이들이 사용하는 룬 문자 중 논리 연산자

그리고 (∧)
만약 (→)
않았다면 (**)
~경우에만 (↔)
그렇지 않다면 (∨)

난쟁이들이 사용하는 줄임말과 뜻

N = 도깨비 왕
L = 난쟁이 왕
F = 싸웠어요
W = 거대한 바위

________이 동굴 밖으로 나왔어요.

______ 도시를 향해 ________를 던졌지요.

____ 건물이 비어 있지 ________, ______는 모든 주민을

죽였을지도 몰라요.

다행히 난쟁이들은 집에 있지 않았어요.

______ 염소들은 들판에 나가 있었지요.

그 후에 ________은 ________을 공격하기로 했어요.

________은 ________을 이길 ______ 쉴 수 있을 것이며,

________ 그는 죽을 것이라는 사실을 알고 있었어요.

엄청난 전투였어요. 칼이 부딪히는 굉음에 귀가 멀 것만 같았지요.

두 왕은 최선을 다해 ________.

________이 ________을 무찔렀고, 그 후에 그는 겨우 쉴 수 있었습니다.

잘 먹겠습니다!

갠돌프, 오릴드, 프로린은 접대실에 있는 기다란 식탁에 둘러앉았어요.
식탁에는 수많은 접시, 음료수 잔, 음식이 가득 있었고,
손님들은 모두 7명이었어요.
손님들은 웨이터에게 여러 가지 질문을 했어요.
"버섯 리조또는 어떻게 만든 거죠?"
"버섯 수프에 당근은 안 들어 있겠죠?"
그리고 얼마나 배가 고팠는지 같은 음식을 여러 번 주문하기 시작했어요.

주 문 서

이름	주문 횟수(회)	주문한 요리
갠돌프	1	버섯 튀김
프로린	6	버섯 리조또
오릴드	9	버섯 수프
디나인	3	버섯 옥수수죽
버빗	2	버섯 구이
맴리	5	버섯 옥수수죽
글로린	2	버섯 리조또

주문을 받는 웨이터는 너무 정신이 없었어요.
그래서 위와 같이 표로 손님들이 주문한 요리와 주문한
횟수를 정리했지요.

요리사는 주문서를 보고는 웨이터에게 다음과 같이 다시 정리해서 달라 했어요.
주방에서는 요리마다 몇 번 주문되었는지 알고 싶었거든요. 왼쪽 주문서를 보고
아래 빈칸을 채워 주세요.

- 가장 많이 주문한 요리는 무엇인가요? ___________________
- 가장 적게 주문한 요리는 무엇인가요? ___________________
- 요리를 한 번만 주문한 사람은 몇 명이고, 누구인가요? ___________________
- 버섯 구이와 버섯 옥수수죽 중 더 적게 주문한 것은 무엇인가요? ___________________

막대를 그려서 그래프를 완성해 보세요.
요리의 종류는 가로에, 주문한 횟수는 세로에 표시합니다.

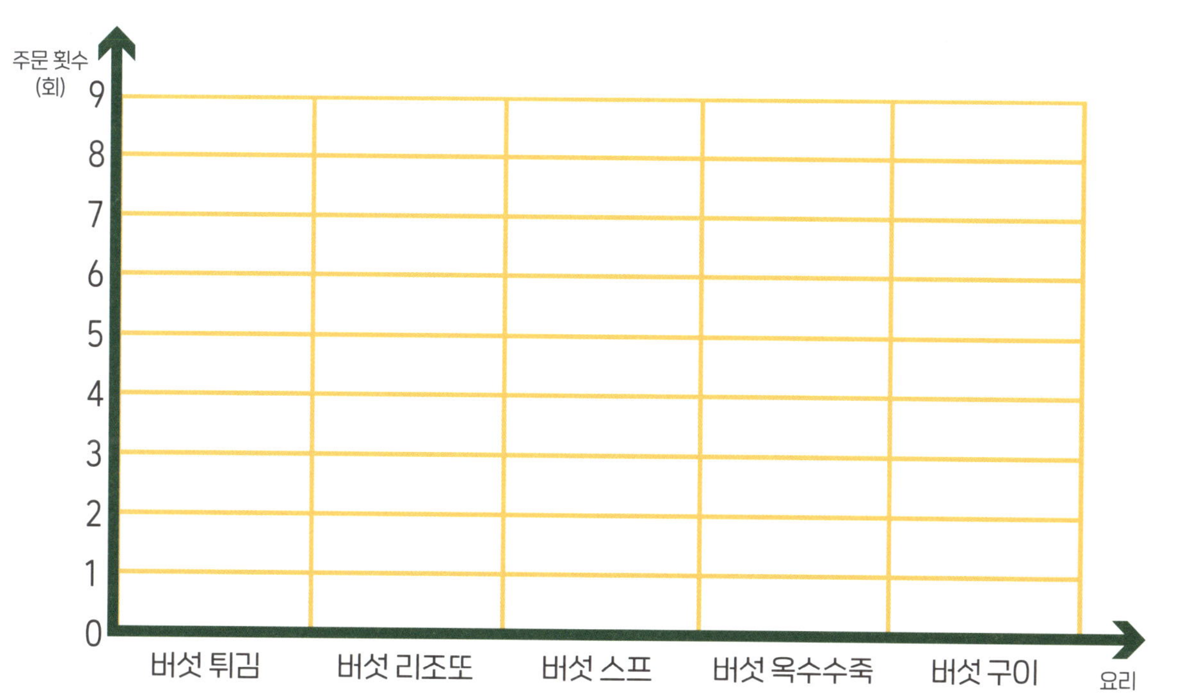

불이야!

"음, 아주 맛있군! 꺼어억!"

갠돌프가 만족스러운 듯 웃으며 말했어요.

다른 사람들도 맛있는 식사에 포만감을 느끼며 평화로운 시간을 보내고 있었어요.

그 순간… 쾅! 문이 크게 열리고, 겁에 질린 난쟁이들이 숨을 헐떡거리며 들어왔어요.

"불이야!"

"뭐라고?"

"불이 났습니다, 왕자님! 광산에 불이 났어요!"

"폭발인가?"

난쟁이가 결연한 표정으로 고개를 저었어요.

"이보게, 빨리 무슨 일인지 말해 보게나!"

갠돌프가 재촉했어요.

"지구의 중심에서 무언가… 무언가가 깨어나면서 폭발한 거 같아요."

난쟁이들은 모두 무기 창고를 향해 달려갔지요.

갠돌프도 숨을 헐떡거리며 난쟁이들을 쫓아갔어요.

"이렇게 뛸 줄 알았으면 조금만 먹을걸…"

스티커는 본문 뒤에 있어요.

군인들이 전투 태세로 줄을 잘 맞춰 서 있습니다. 군인들을 잘 살펴보세요.

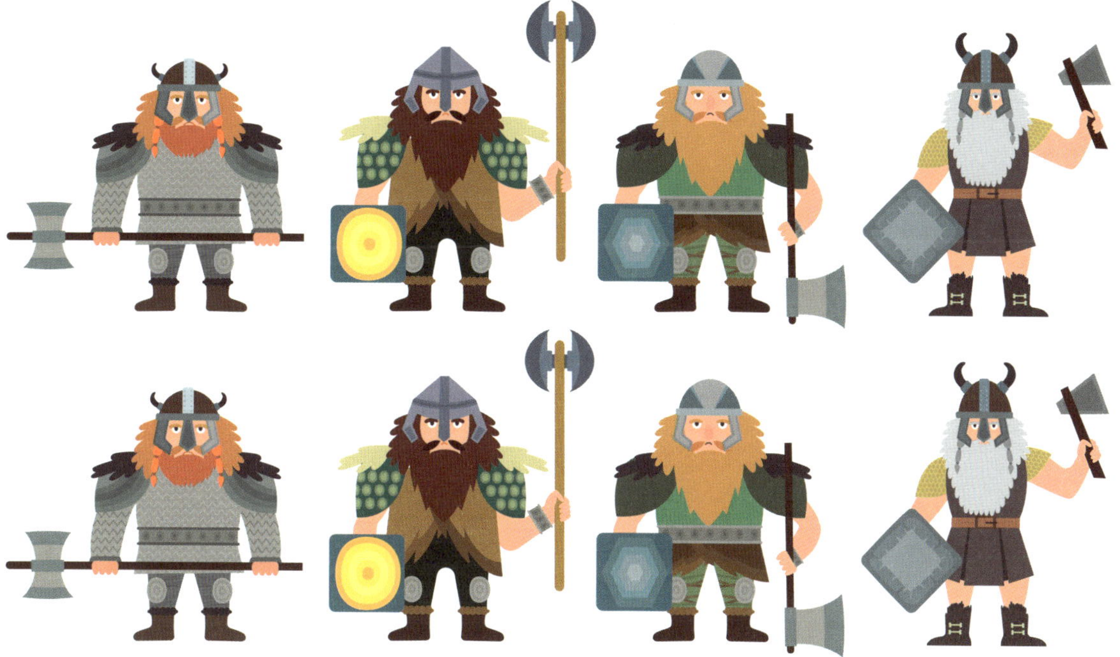

책 뒤에 있는 무기와 투구 스티커를 아래 군인들에게 올바르게 붙여 주세요.

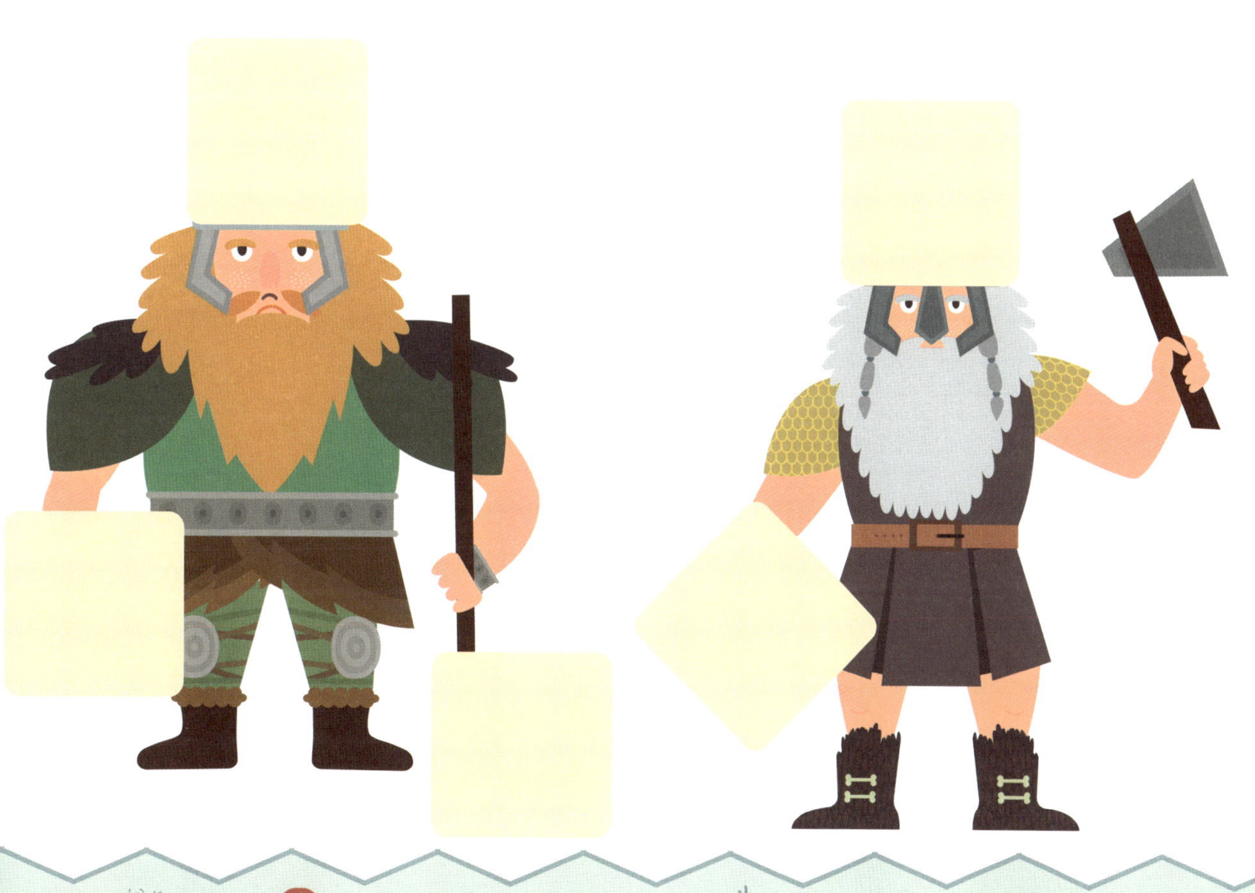

스티커는 본문 뒤에 있어요.

보석 정리하기

프로린 왕자가 오릴드 공주와 함께 광산으로 달려갔어요. 갠돌프도 그 뒤를 따랐지요. 더 빨리 가려면 보석 창고를 지나가야 해요!
보석 창고에서는 난쟁이들이 보석을 분류해서 쌓아 올리고 있어요.
세 사람이 빨리 지나갈 수 있도록 난쟁이들이 보석을 정리하는 걸 도와주세요.
책 뒤에 있는 보석 스티커를 각 선반의 빈칸에 알맞게 붙여 주세요.

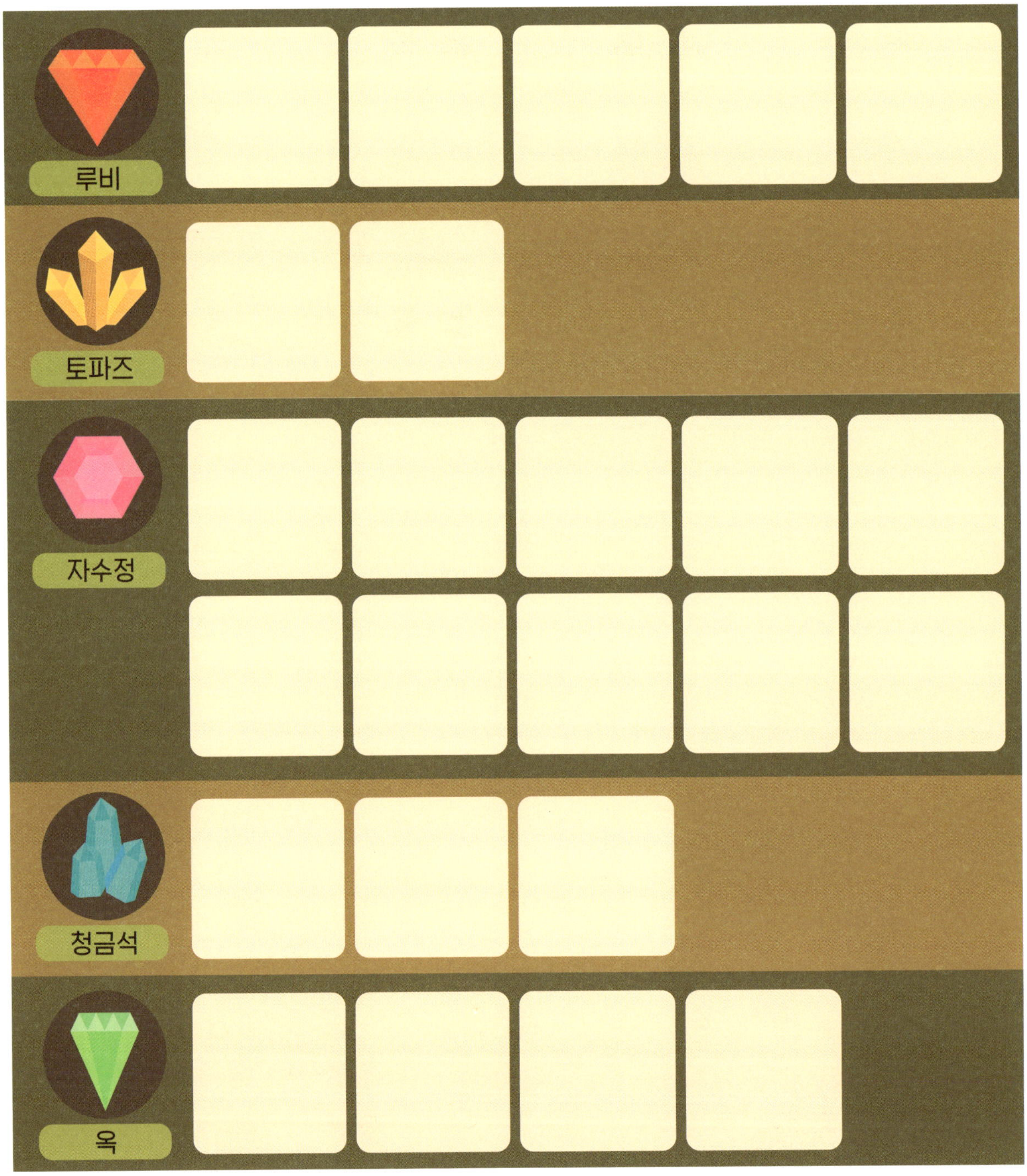
루비
토파즈
자수정
청금석
옥

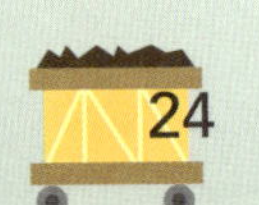

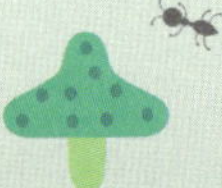

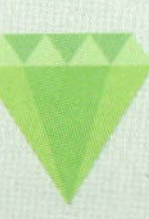

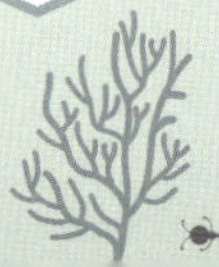

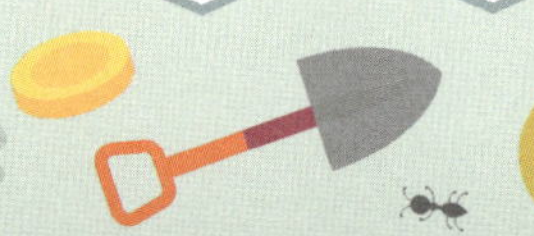

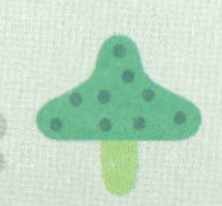

용감한 무사인 난쟁이 톨자드는 보석을 그래프로 정리하는 중이에요.
각 보석의 수만큼 직사각형 칸을 색칠해 주세요.

루비	토파즈	자수정	청금석	옥

- 어떤 보석이 가장 많은가요? ________________
- 어떤 보석이 가장 적은가요? ________________
- 총 몇 개의 보석을 정리했나요? ________________

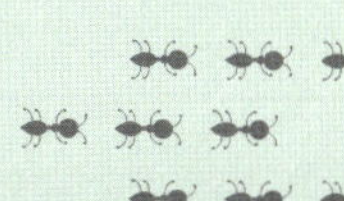

교집합

세 사람은 창고들을 하나씩 지나며 계속 걸었어요.
그때 갠돌프는 어려운 문제 때문에 곤란해진 난쟁이 한 명을
발견했어요.
갠돌프는 마법의 힘으로 지혜로운 나비를 그에게 보냈어요.
나비의 도움말을 읽고 문제를 같이 해결해 봐요.

난쟁이가 숫자 1이 적힌 사각형 보석을 찾자마자
새로운 문제가 나타났어요.
"뭐야? 집합이 세 개나? 게다가 겹쳐 있잖아!"
난쟁이가 소리쳤어요.

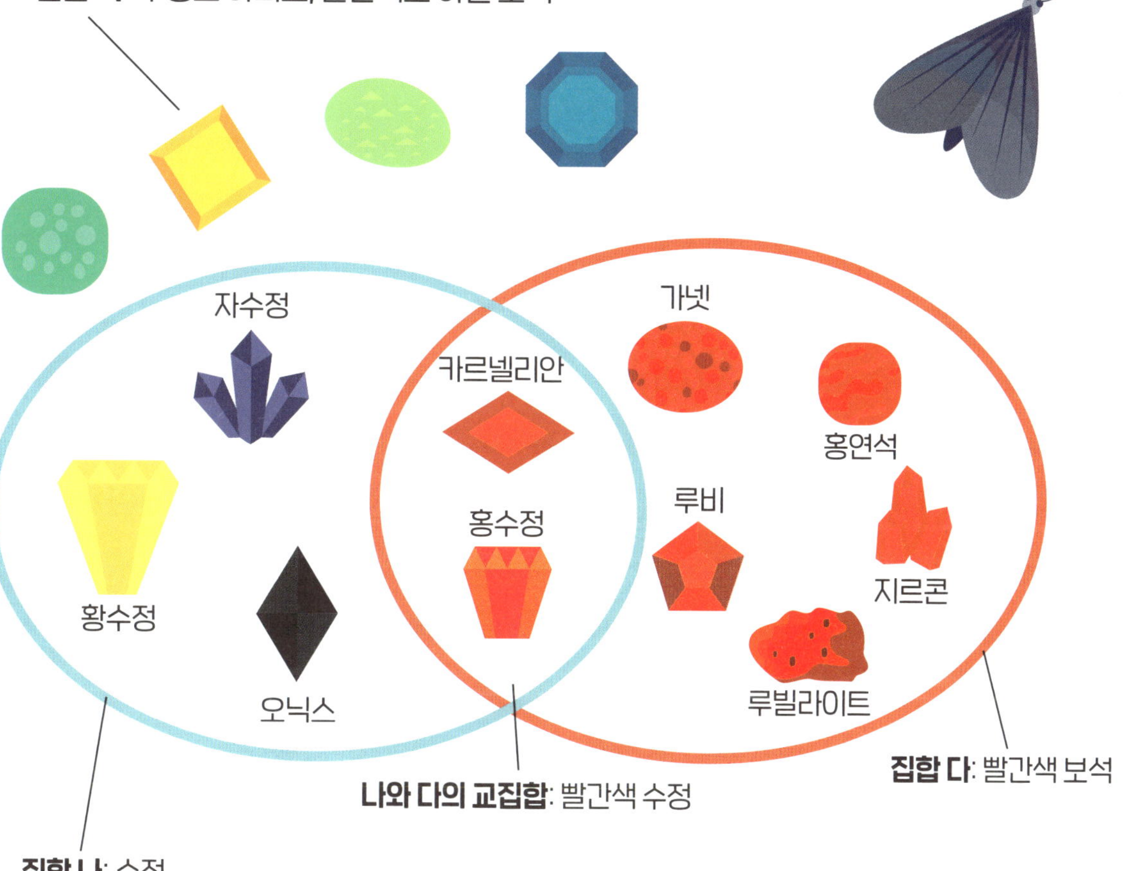

- **집합 다**에는 빨간색 보석이 _______ 개 있어요.

- **집합 나와 다의 교집합**에는 빨간색 수정이 _______ 개 있어요.

- 황수정은 _______ 집합에 있어요.

- 루비는 _______ 집합에 있어요.

숫자로 된 광산

보석을 캐는 거대한 광산에 도착했어요.
줄줄이 배열된 커다란 창고에는 숫자가 붙어 있었고,
마지막 창고에는 다음 터널로 들어가는 좁은 통로가 나 있었어요.
광산의 모습을 본 프로린 왕자는 무척 당황했어요.

7을 더하고, 다시 3을 빼세요. 같은 방법으로 반복하여 계산하세요.

2를 더하고, 3을 곱하고, 8을 빼세요. 같은 방법으로 반복하여 계산하세요.

규칙이 뭘까요? 스스로 찾아보고, 빈칸을 채우세요.

거의 다 왔어요. 마지막으로 힘을 내봐요! 103까지 가면 길을 바르게 찾은 거예요.

"숫자 광석 몇 개가 없어졌어요. 어떻게 되찾죠?"
"걱정하지 말게. 내가 길을 기억하고 있다네. 터널 아래에 힌트를
적어 놨으니 잘 읽어 보게."
숫자의 배열에는 일정한 규칙이 있어요.
갠돌프가 적어 놓은 힌트를 잘 읽고 규칙을 찾아서,
빈칸에 알맞은 수를 써넣으세요.

또 한 번의 시험

세 사람은 계속해서 갈 길을 갔어요. 한참 가다 보니 갈림길이 나타났어요.
어느 길로 가야 할지 고민하고 있을 때 다음과 같은 표지판을 발견했어요.

> 빈칸에 들어갈 모자가 가리키는 방향으로 가시오.

어떤 모자일까요? 규칙을 찾으면 쉽게 알 수 있어요. 알맞은 스티커를 붙여 주세요.

길은 찾았지만, 커다란 돌문을 열어야 해요.
규칙을 찾아 빈칸에 알맞은 룬 문자를 채워 주세요.
어렵다면 룬 문자를 숫자로 바꿔서 나타내 보세요.
어떤 규칙으로 문자를 배열했는지 쉽게 보일 거예요.

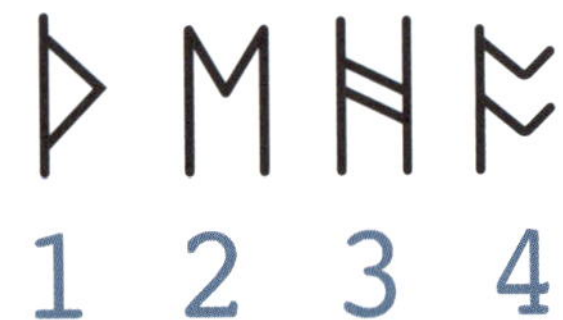

갠돌프가 한숨을 쉬었어요.
돌문을 간신히 열었더니 또 문이 있었거든요.
문을 여니 바로 맞은편에 거대한 미로가 있었어요.
여러분이 이 세 사람을 출구로 데려다줄 수 있나요?
출구로 가는 길을 찾아 선으로 나타내 주세요.

추론 게임

프로린 왕자, 오릴드 공주와 갠돌프는 높은 산에 있는 언덕에 도달했어요.
프로린 왕자가 도르레에 바구니가 달린 어두운 우물을 찾았어요.
"산의 중심으로 들어가는 통로예요! 가 봅시다."
프로린 왕자의 말에 오릴드 공주도 도르레에 달린 바구니에 올라탔어요.
갠돌프도 바구니에 올라타고는 말했어요.
"내려가는 동안 시간이 걸릴 테니 그동안 내가 낸 퀴즈를 맞혀 보게!"
그렇게 다 같이 추론 게임을 하기 시작했어요!
옆의 비례식을 살펴보고,
빈칸에 알맞은 모양을 추리해
보세요. 세 가지 보기 중
알맞은 모양 스티커를
찾아 빈칸에 붙이세요.

개념 확인

비례식
비의 값이 같은 두 비를 등호를 사용하여 하나의 식으로 나타낸 것

갑자기 도르래에 달린 바구니가 무시무시하게 흔들렸어요.
뚝! 줄이 끊어지고 바구니와 함께 세 사람은 아래로 떨어지기 시작했어요!
갠돌프는 추락을 멈출 수 있는 주문을 떠올리기 위해 집중했어요.
수학 마법사답게 주문도 수학과 관련된 거였네요.
아래 벤 다이어그램에서 빈칸을 채워 넣고 주문을 완성해 주세요.

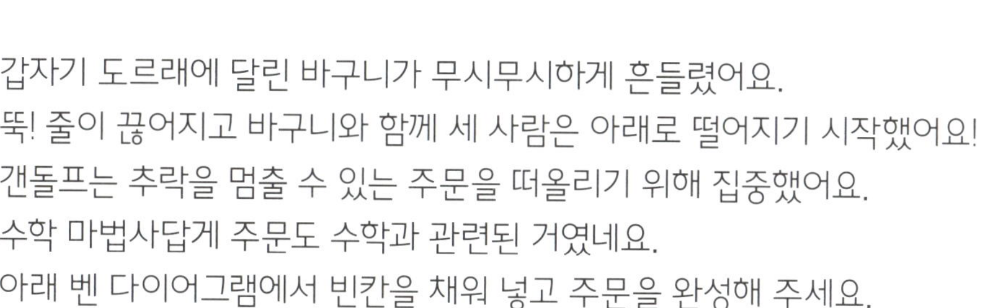

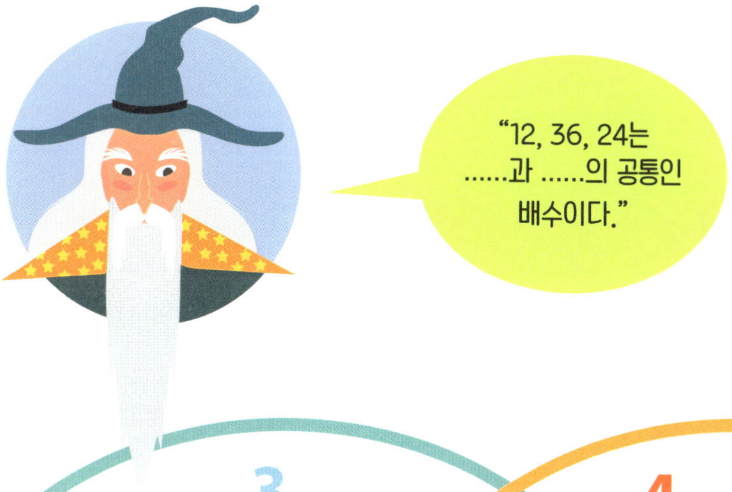

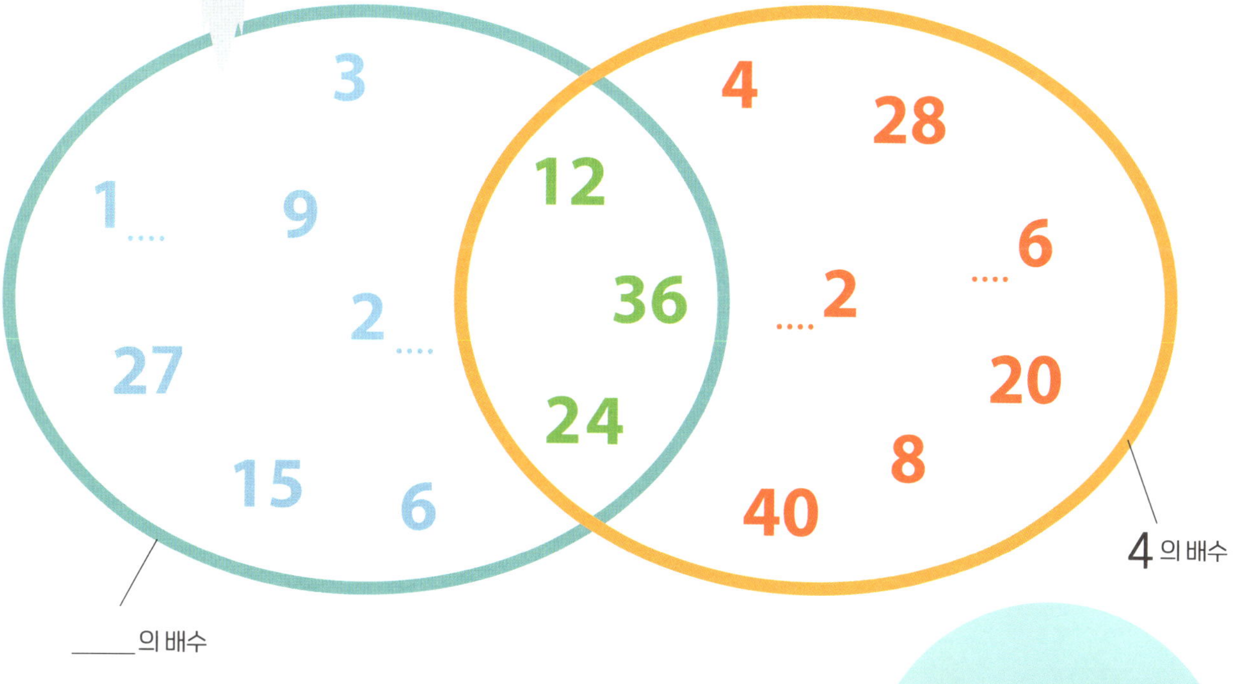

"고마워요, 갠돌프!"
주문 덕분에 모두 안전하게 내릴 수 있었어요.

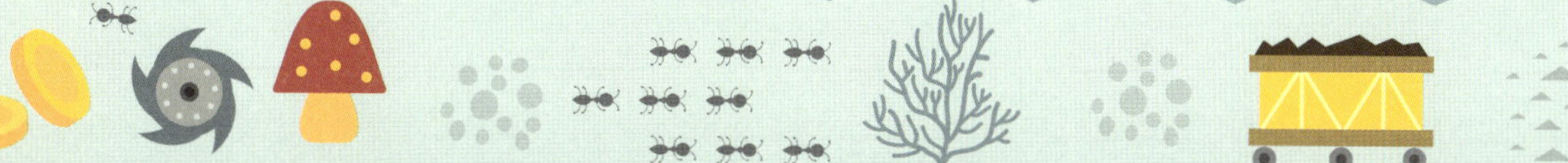

논리적으로 말할 수 있어

광산의 중심은 어둡지도, 춥지도 않았어요.

세 명은 바구니에서 내린 뒤 횃불과 전등에 불을 붙였지요.

그러자 벽들이 노랑, 초록, 파랑으로 빛났습니다.

"매우 아름다워요. 하지만 저 앞에 보이는 불꽃이 마음에 들지 않네요!"

프로린 왕자는 통통한 손가락으로 큰불이 타오르고 있는 터널 끝을 가리켰어요.

그때 괴상한 소리에 땅이 흔들렸어요. 그들은 위험을 감지하고 모두 뛰기 시작했어요.

터널 끝에 도착할 즈음에 헐레벌떡 달려온 난쟁이들이 그들 앞에 나타났어요.

그들은 너무 당황하여 다들 동시에 말하는 바람에 도저히 무슨 말을 하는지 알 수가 없었어요.

'실제로 불을 본 난쟁이는 반디밖에 없다'는 사실을 말하려 했던 거예요.

이 사실을 프로린이 이해하려면 어떤 순서로 이야기해야 할까요?

네모 안에 순서를 수로 써 주세요.

"반디, 앞으로 나와 보게"
프로린 왕자의 말에 반디가 앞으로 걸어 나왔어요.
"자네, 정말 불을 봤는가?"
"그럼요! 아주 거칠게 으르렁거리고, 심지어… 눈이 두 개 달려 있었어요!"
앞으로 위험한 일이 일어날 거라고 말하고 싶었지만, 반디는 말을 끝마치지 못했어요.
반디가 하고 싶은 말이 무엇일까요?
마지막 문장을 채워 보세요.

사실 1 :

<u>앞으로 5분 안에</u>
화재가 발생한 층 위의
모든 방들이 불에
탈 것입니다.

사실 2 :

<u>왕자가 있는 방은</u>
화재가 발생한 층 위에
있습니다.

결론 :

....

....

....

수학 불꽃

"이 불꽃들은 수학 불꽃이에요! 불을 끄기 위해서는 불꽃이 퍼지는 규칙을 찾아야 해요."
오릴드가 갠돌프를 보며 말했어요.
갠돌프는 잠시 생각하더니 해결 방법을 찾았어요.
"불꽃이 퍼지는 것을 막으려면 위에 있는 수가 두 수의 곱이 되도록 나눠야 합니다!"
보기를 보고 주인공들을 도와 빈칸을 채워 주세요.

"불꽃이 너무 많아요. 갠돌프, 이제 어쩌죠?"
"일단 여기서 다들 밖으로 나가시오!"
수학 마법사 갠돌프의 표정은 어두워졌고 깊은 생각에 잠겼어요.
"이것들은 정상적인 불꽃이 아니야. 오직 논리와 수학 지식으로
멈출 수 있어."

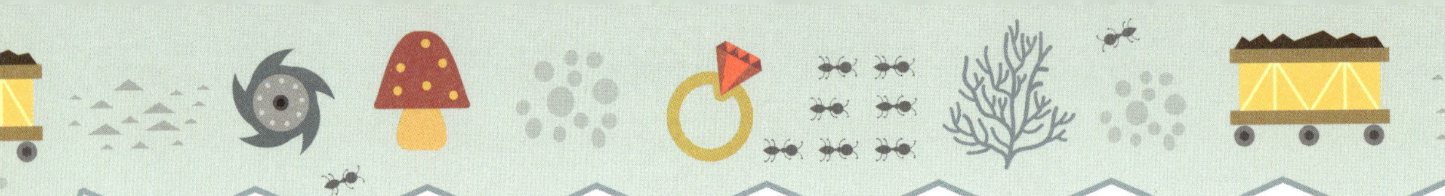

불꽃을 다루는 주문

스티커는 본문 뒤에 있어요.

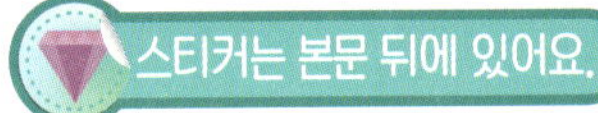

수학 마법사 갠돌프는 마법 주머니 안에 주문이 적힌 구슬을 가지고 있었어요.
그중 단 한 개의 구슬로 불꽃을 다룰 수 있답니다.
갠돌프가 제시간에 올바른 구슬을 꺼낼 수 있을까요?
먼저 아래 갠돌프의 마법 주머니를 완성해 주세요.
다음 조건에 알맞게 올바른 구슬 스티커를 찾아 붙이면 됩니다.
구슬은 초록, 노랑, 빨강 세 가지 색이고 모두 9개예요.
초록 구슬의 수는 노란 구슬의 수보다 2배 많아요.
빨간 구슬을 꺼낼 가능성은 전체의 $\frac{1}{3}$이에요.

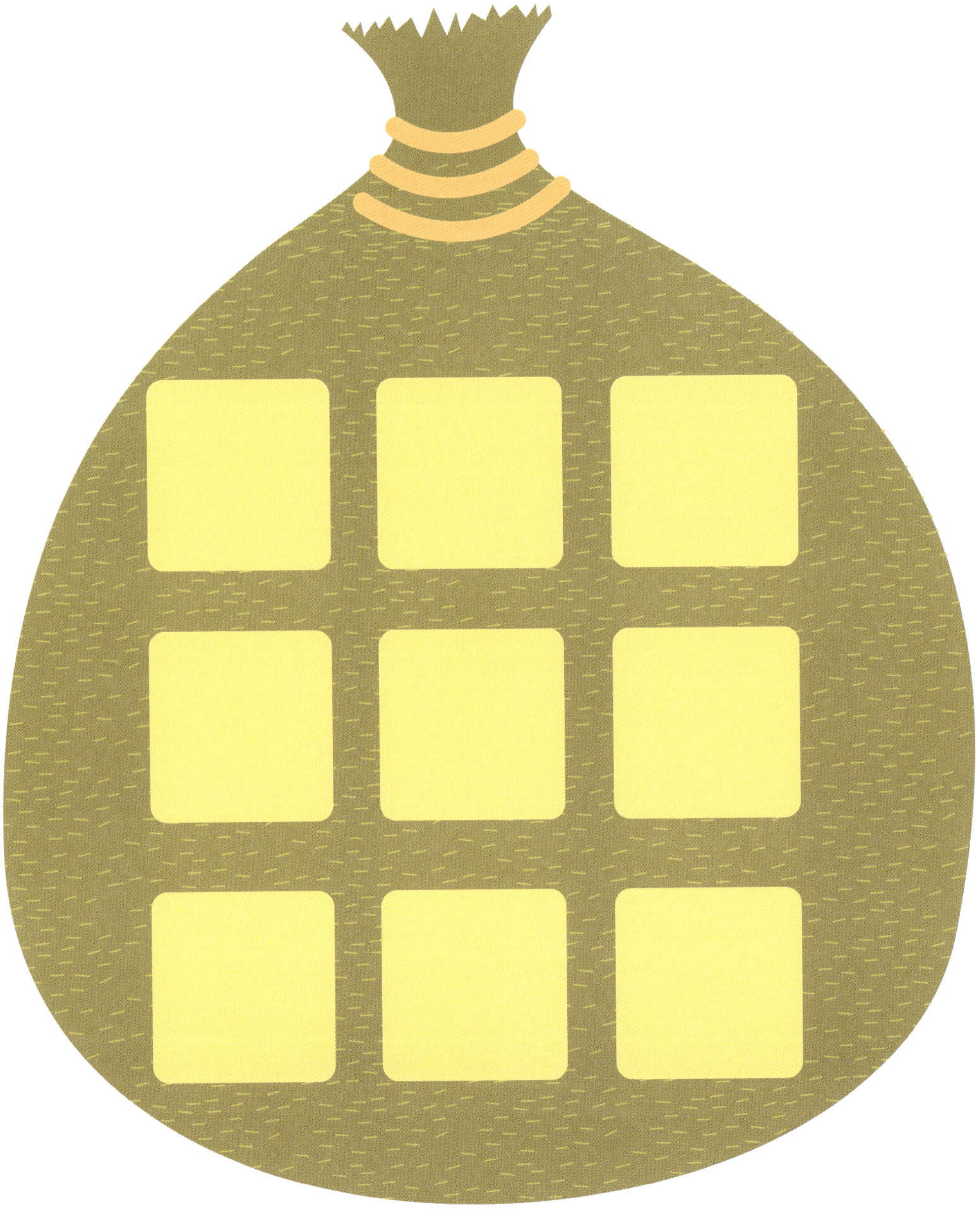

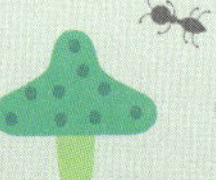

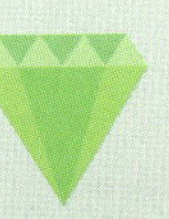

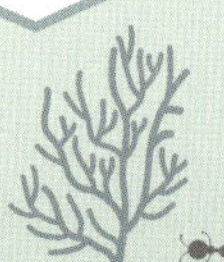

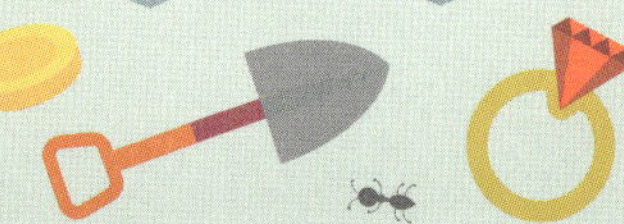

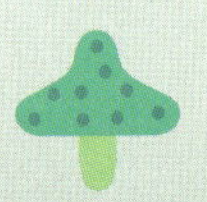

갠돌프가 마법의 단어를 외웠더니 구슬이 모두 차르륵
아래처럼 변하면서 여러 도형이 생겨났어요.
보기와 같이 따라 해 주세요.

- 초록색 삼각형이 들어 있는 구슬을 파란색으로 묶어 주세요.
- 빨간색 삼각형이 들어 있는 구슬을 검은색으로 묶어 주세요.
- 8개의 모서리를 가진 별 모양이 들어 있는 구슬을 빨간색으로 묶어 주세요.

여러분이 그린 묶음 3개에 공통으로 들
어 있는 구슬 한 개를 찾아보세요.
바로 그 구슬에 불꽃을 사라지게 하는
주문이 들어 있어요.
어떤 것일까요?
수학 마법사 손바닥 위에
똑같이 그려 주세요.

날아다니는 방패

우리가 찾은 구슬에서 빛이 쏟아져 방 안을 가득 채우자 작은 불들은 그림자 속으로 사라졌어요.
갠돌프는 멀리 보이는 남은 불길을 쫓아가다가 좁은 구름다리 위에 도착했어요.
거칠고 맹렬하게 타오르는 불꽃이 다리의 반대쪽에서 그를 삼키기 위해 점점 다가오고 있었지요.
갠돌프는 이 불꽃을 막기 위해 날아다니는 방패를 만들어 여기저기 공중에 던졌어요.
하지만 방패 속의 퍼즐이 완성되어야 차가운 빛이 폭발하여 불꽃을 잠재울 수 있다고 해요!
빈칸에 어떤 숫자가 들어가야 할까요?
6개 방패마다 규칙이 있어요.
오른쪽 규칙을 참고해서 날아다니는 방패를 완성해 보세요.

규칙

•1번 방패: 파란색 선에 있는 수는 양쪽 옆의 주황색 선에 있는 두 수의 합과 같습니다.

•2번 방패: 빨간색 선에 있는 수는 양쪽 옆의 파란색 선에 있는 두 수의 곱과 같습니다.

•3번 방패: 1×1, 5×5와 같이 자기 자신의 수를 두 번 곱하면 같은 선 반대쪽 끝에 있는 수가 나옵니다.

•4번 방패: 22부터 시작해서 시계 반대 방향으로 3씩 작아집니다.

•5번 방패: 같은 선 끝에 있는 두 수의 합은 모두 같습니다.

•6번 방패: 같은 선 끝에 있는 두 수는 일의 자리 숫자와
         십의 자리 숫자가 서로 바뀌었습니다.

5
17
4
3
24
21
34

4
1
22
4
19
16
13

6
22
47
18
81
74
31

펜던트에 보석을 붙여야 해!

갠돌프는 주머니를 뒤적거리면서 필요한 보석을 꺼냈어요.
이 보석을 바르게 나열하고 남은 보석을 찾아야 해요.
규칙에 맞게 빈칸에 보석 스티커들을 붙여 주세요.
단, 같은 가로줄이나 세로줄에는 똑같은 보석이 절대 들어가서는 안 돼요.
빈칸을 다 채웠다면, 보석 하나가 남을 거예요.
오른쪽 펜던트 위에 남은 보석 스티커를 붙이면 마법의 힘이 생길 겁니다.

누구일까?

갠돌프가 열심히 달렸지만, 거대한 불꽃에 휩싸인 벽이
그를 가로막았습니다. 그런데 불길 사이로 어떤 두 눈이
그를 쳐다보고 있는 게 아니겠어요.
헛것을 본 걸까요, 아니면 누군가 갠돌프를 기다리는 걸까요?
다음 각 사각형의 좌표를 찾아내면 누구인지 알 수 있어요.
세로줄과 가로줄에 있는 알파벳과 숫자로 이루어져 있는
좌표를 예시의 A1과 같이 빈칸에 쓰고,
책 뒤쪽에 있는 좌표 스티커들을 찾아 붙여 주세요.

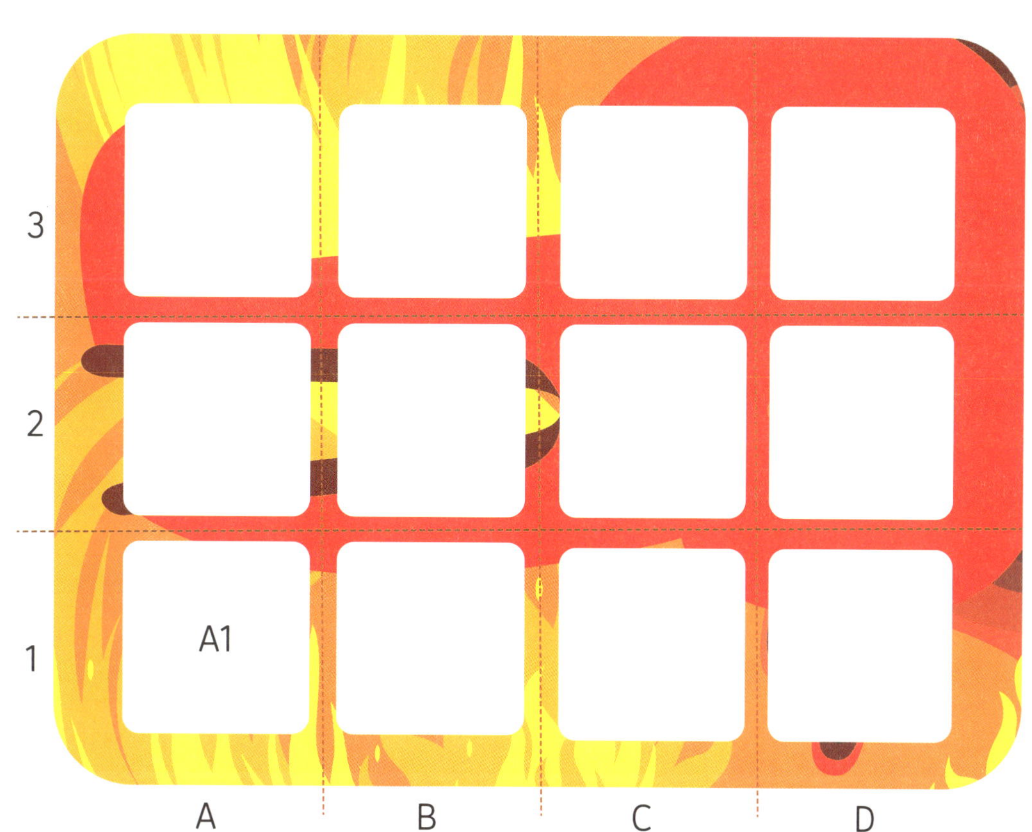

파이어 드래곤

다리 반대편에서 집어삼킬 듯이 달려오는 불길을 갠돌프는 간신히 마법으로 막아 내고 있었습니다.
거대한 화염 속에서 파이어 드래곤이 모습을 드러냅니다.
드래곤의 발밑에서 돌은 녹아내리고, 그의 울음소리에 땅은 흔들립니다.
드래곤이 입을 크게 벌리며 뭐라 말하는데 무슨 뜻인지 도대체 알 수가 없네요.

드래곤이 하는 말풍선마다 성질이 다른 것이 하나씩 있습니다.
나머지와 성질이 서로 다른 수, 단어, 문장을 찾아 X 표시를 하세요.

불빛   불꽃
모닥불   나무

난쟁이 킴리가 순무를 샀습니다.
수학 마법사 갠돌프가 채소를 요리합니다.
난쟁이 반디가 당근을 샀습니다.
난쟁이 프로린이 토마토를 샀습니다.

12   13   4
16   32   8

석판 메시지

드래곤이 내뿜는 무시무시한 불길에도 갠돌프는 가까스로 버티고 있었습니다.
"저 땅속 깊은 곳으로 돌아가거라, 이 비논리적인 불꽃 덩어리야!"
갠돌프가 호통치듯이 말했습니다.
파이어 드래곤이 뿜어내는 불은 점점 더 커졌고, 무시무시한 괴성을 질렀어요. 갠돌프가 마법의 주머니를 뒤지더니 긴 지팡이와 빛나는 검을 뽑아 들었어요. 그리고 양손에 무기를 쥐고 파이어 드래곤을 상대로 싸웠지요.
드래곤이 가까이 다가와 또다시 공격 태세를 취하자, 랜돌프는 지팡이와 검을 치켜 들고 드래곤을 겨냥했어요.
"너는 숫자도 셀 줄 모르지 않느냐!"
이 말을 들은 드래곤은 매우 화가 나고 슬펐어요.

파이어 드래곤이 꺼이꺼이 울며 말하기 시작했지만, 하나도 알아들을 수가 없네요.
다행스럽게도 갠돌프는 파이어 드래곤의 말들을 문장으로 재배열할 수 있다는군요.
갠돌프가 적은 쪽지를 보고 파이어 드래곤의 말을 완성해 보세요.

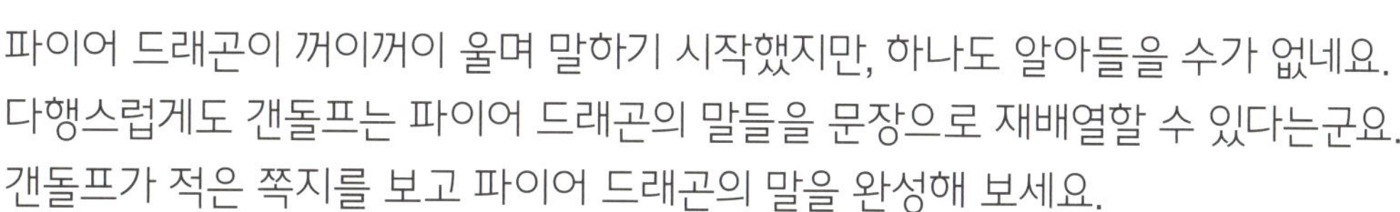

갠돌프가 생각을 정리할 때 사용하는 논리 연산 부호	드래곤이 쓰는 줄임말
그리고 (∧)	크릉 = 자고
또는 (V)	부글부글 = 문제
않는다면 (*)	멍멍이 = 어둠의 군주
만약 (→)	부릉이 = 놀리
오직 그런 경우에 (↔)	어흥이 = 석판 메시지

______가 ________를 보내 줬을 때 저는 ______ 있었어요.
거기에는 이렇게 적혀 있었죠.
"______ 네가 ________를 하루 만에 해결하지 ______,
평생 내 부하가 되어 싸워야 할 것이다."
하지만 나는 수학 ______ 논리를 모르는데
어떻게 ______를 해결할 수 있겠어요?
나를 ______ 는 거예요!

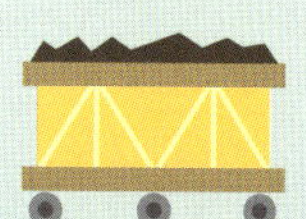

어둠의 군주

"어둠의 군주라니! 진작 눈치채야 했는데!"
갠돌프는 괴로워하는 드래곤을 도와줘야겠다고 생각했어요.
"내가 문제를 푸는 것을 도와주겠네. 문제가 적힌 석판을 보여 주게나."
드래곤이 건넨 석판에는 원 모양으로 나타낸 여러 가지 집합과 단어가 그려져 있었습니다.

아래 그림은 49쪽에서 설명하고 있는 관계를 집합으로 나타낸 것입니다.
어둠의 군주의 부하가 되고 싶지 않다면,
주어진 세 단어를 집합으로 알맞게 나타낸 그림 스티커를 붙이고,
그 위에 단어를 알맞게 써 보세요.

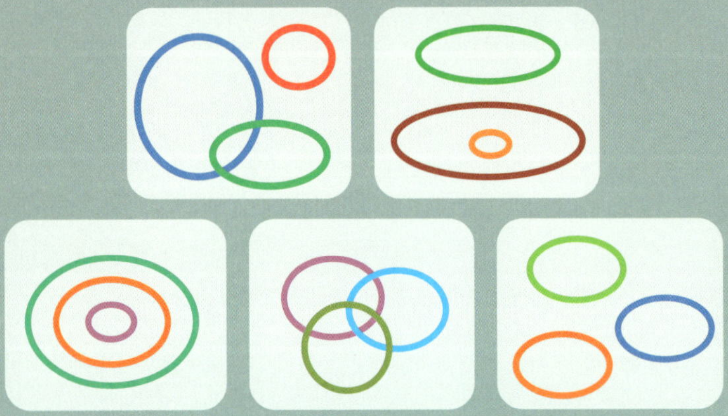

예를 들어, 석판 위에 아래와 같이 세 글자가 있어요.

남자	축구 선수	외계인

이 단어들은 벤 다이어그램으로 나타낼 수 있습니다!
남자 중에서 일부는 축구 선수예요.
하지만 이 두 집합은 외계인과 관련이 없기 때문이죠.

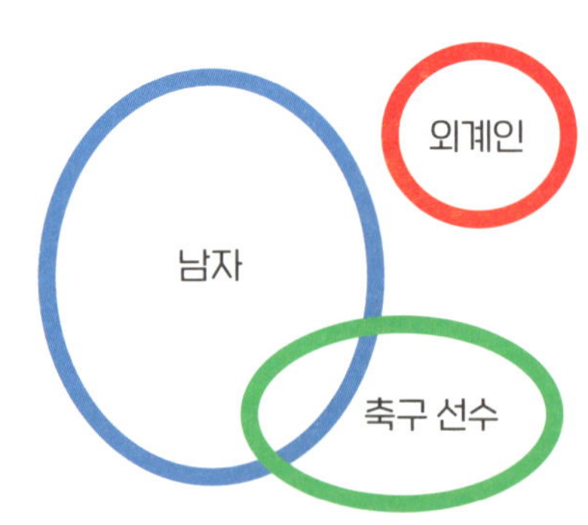

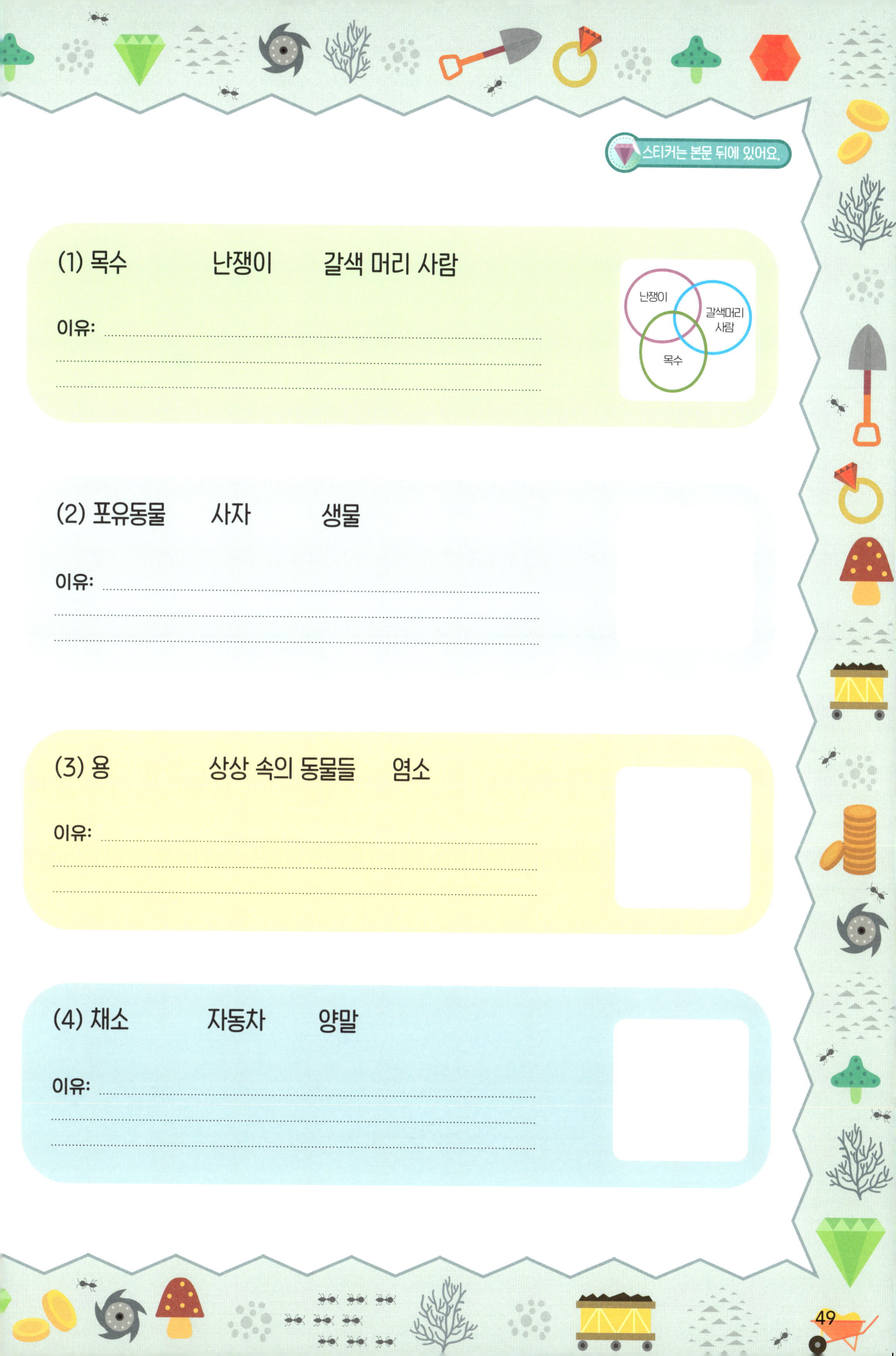

(1) 목수   난쟁이   갈색 머리 사람

이유: ....
....
....

(2) 포유동물   사자   생물

이유: ....
....
....

(3) 용   상상 속의 동물들   염소

이유: ....
....
....

(4) 채소   자동차   양말

이유: ....
....
....

남은 문제들

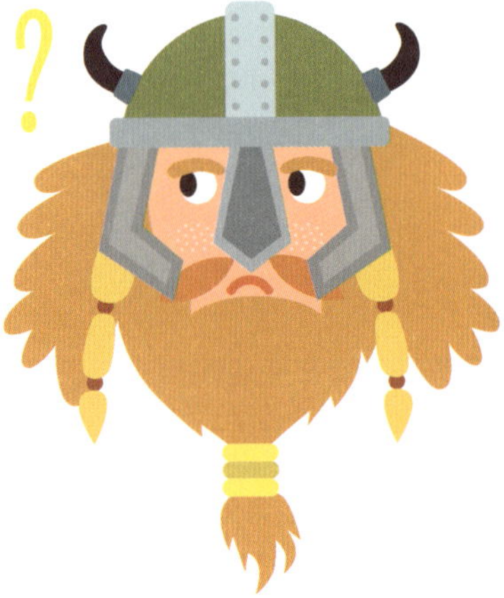

"왜 어둠의 군주는 답을 맞히는 자들을 부하로 쓰려고 하지 않을까요?"
프로린 왕자가 물었어요.
"아마도 부하들이 똑똑해지는 걸 원하진 않는 것 같군."
여기 풀어야 할 문제가 더 남아 있어요.
주어진 수들을 이용해서 원하는 답이 나오는 식을 만들어 보세요.

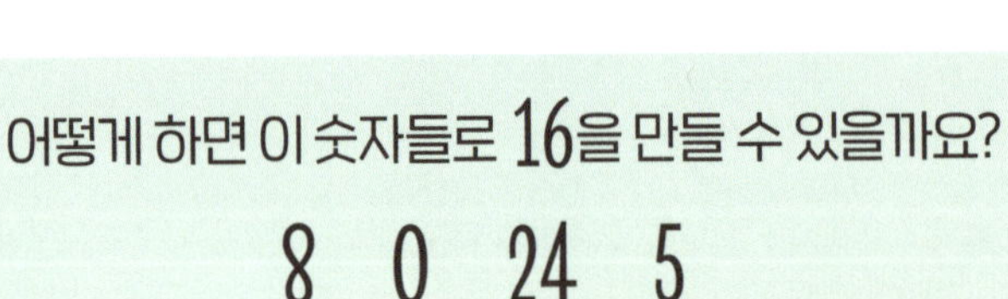

여기
정답이 있네.

$8 \times 5 = 40$
$40 + 0 = 40$ → $8 \times 5 + 0 - 24 = 16$
$40 - 24 = 16$

위의 예시를 참고해서 아래 문제들을 풀어 보세요.

(1) 이 숫자들로 28을 만들 수 있을까요?

9 6 5 3

9 × ....
....
....

(2) 이 숫자들로 35를 만들 수 있을까요?

4 2 5 8

4 × ....
....
....

(3) 이 숫자들로 **37** 을 만들 수 있을까요?

6 5 4 6

(4) 그렇다면 이 숫자들로 **29** 를 만들 수 있을까요?

3 7 9 1

(5) 마지막으로, 이 뺄셈 문제를 완성해 보세요.

◯ - ◯ = ...

답을 입력하자마자 석판이 진동하며 큰 목소리가
쩌렁쩌렁 울리기 시작했어요.
"이런! 나의 부하가 될 만한 사람이 없단 말인가!!
하지만 너희가 구한 마지막 수는 드래곤이 잡아먹을
난쟁이의 수이지. 하하하"

속임수

"8명의 난쟁이를 잡아먹겠다고? 꿈도 꾸지 마!"
프로린 왕자가 드래곤에게 화를 냈어요.
"나는 난쟁이를 한 명도 먹고 싶지 않은걸! 나는 그냥 자고 싶을
뿐이야."
드래곤은 피곤한 듯 말했어요.
갠돌프가 무언가 좋은 생각이 떠오른 듯했어요.
"좋은 계획이 있네. 아주 큰 전투가 벌어진 것처럼 꾸며서, 마치
드래곤이 8명의 난쟁이를 먹어 치운 것으로 보이게 하자고!"

난쟁이 군대의 장군 4명이 방 안으로 들어왔어요. 갠돌프가
계획을 설명했어요.
"내가 마법을 써서 장군들의 헬멧 4개를 반으로 쪼개 8개로
만들겠소. 그러고 나서 나머지 부분을 채우겠소."

책 뒤에 있는 스티커로 헬멧의 반쪽을 채워 주세요.

"이제 갠돌프가 석판을 이용해서 사진을 찍을 거예요.
어둠의 군주가 8개의 헬멧을 보고, 드래곤이 난쟁이 8명을
먹어 버린 줄 알 거예요."
오릴드 공주가 말했어요.

찰칵!

석판에 다음과 같은 메시지가 나타났어요.

"이제 저는 다시 자러 가도 되는 건가요?"
드래곤이 기대에 가득 차 물었어요.
"어둠의 군주가 자네를 부하로 삼을 다른 방법을 찾기 전까지는 그렇겠지. 하지만 자네가 메디안 왕국에 남아 논리와 수학을 배운다면, 어둠의 군주의 부하가 되는 일은 없을 거네."
갠돌프의 말에 오릴드 공주도 맞장구치며 말했어요.
"맞아. 우리가 수업해 주는 대가로 네가 용광로에서 우리를 좀 도와주면 좋겠어."
드래곤은 크게 불을 한 번 뿜어내며 크게 웃었어요.
"그래요, 남겠어요!"
우리 드래곤이 이런 문제도 풀 수 있을까요?
아래 에메랄드 보석의 배열을 살펴보세요.
앞의 숫자와 뒤의 숫자 사이에는 어떤 규칙이 있을까요?
색 화살표를 따라가면서 빈칸에 알맞은 기호와 수를 써넣으세요.

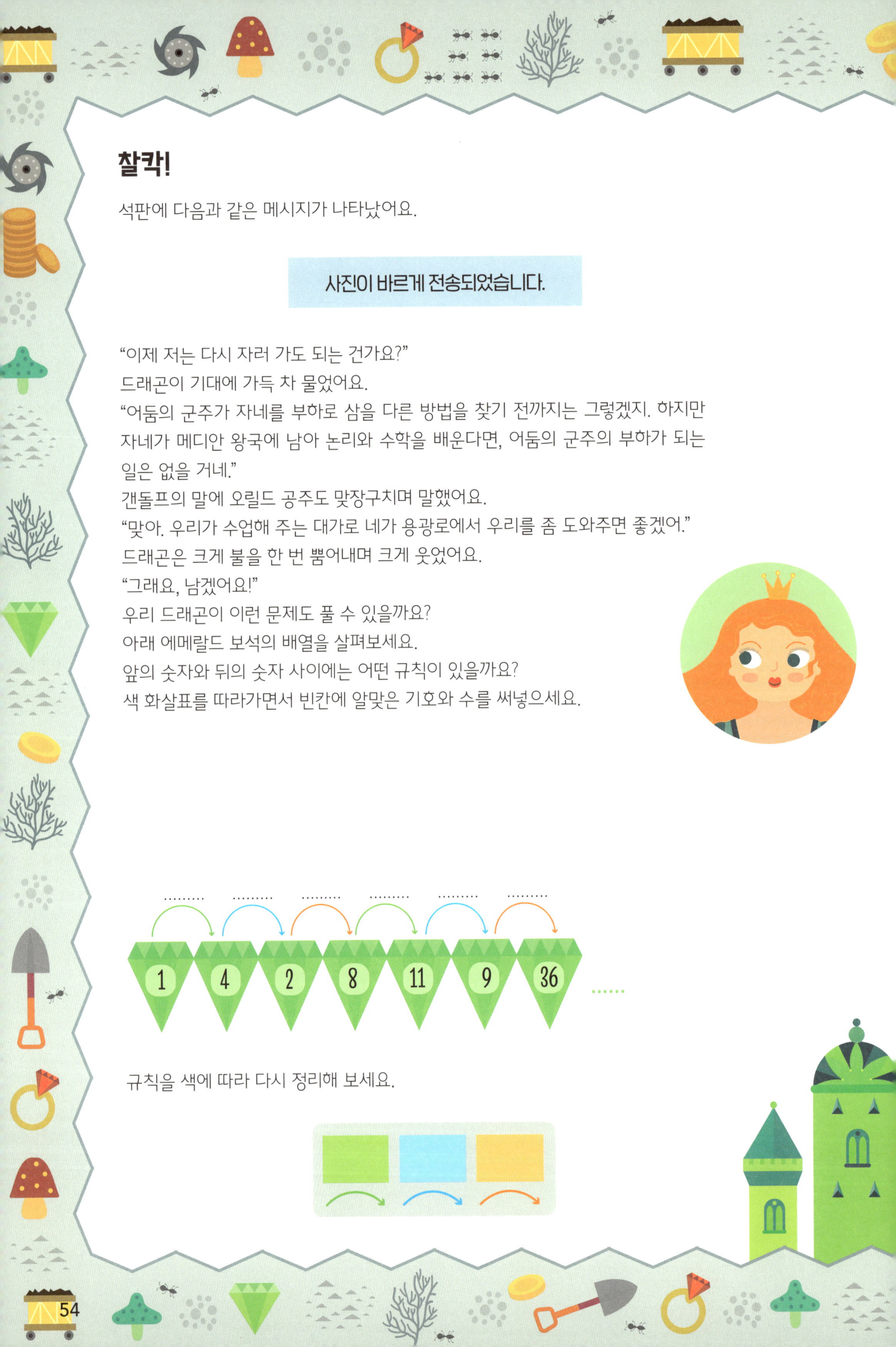

규칙을 색에 따라 다시 정리해 보세요.

이번에는 수의 배열을 끝까지 채워 보세요.

이제 배열 속에 있던 숫자들을 사용하여 이야기가 어떻게 끝나는지 알아보세요.
본문 뒤에 있는 스티커를 붙여서 예시처럼 배열의 순서대로 그림을 완성하세요.

진주가 친구들의 취미를 조사했습니다. 물음에 답하세요.

학생들의 취미

1. 비슷한 자료를 같은 종류로 분류하여 표로 나타내어 보세요.

학생들의 취미

취미	보드게임	독서	악기 연주	운동	합계
학생 수(명)	7				

2. 위의 표를 보고 그림그래프를 완성해 보세요.

학생들의 취미

취미	학생 수
보드게임	♥ ♥ ♥
독서	
악기 연주	
운동	

마을 안에 있는 성의 수를 나타낸 그림그래프입니다. 물음에 답하세요.

메디안 왕국의 성의 수

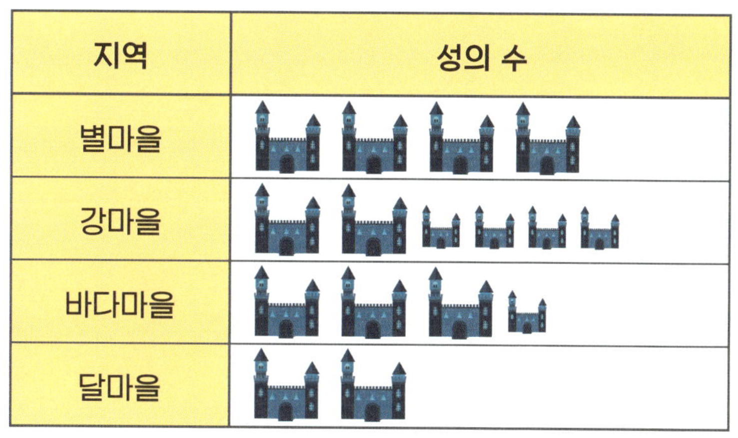

지역	성의 수
별마을	
강마을	
바다마을	
달마을	

10개

1개

3. 강마을의 성은 몇 개인가요?

4. 그림그래프를 보고 ☐ 안에 알맞게 써넣고, ( ) 안의 알맞은 말에 ○표 하세요.

성이 가장 많은 마을은 ☐ 이고,

가장 적은 마을은 ☐ 이야.

강마을의 성은 바다마을의 성보다

(많습니다 , 적습니다).

별마을의 성의 수는 달마을의 성의 수의

☐ 배입니다.

현지네 학교 학생들이 체육 시간에 하고 싶어 하는 활동을 조사하여 나타낸 막대그래프입니다. 물음에 답하세요.

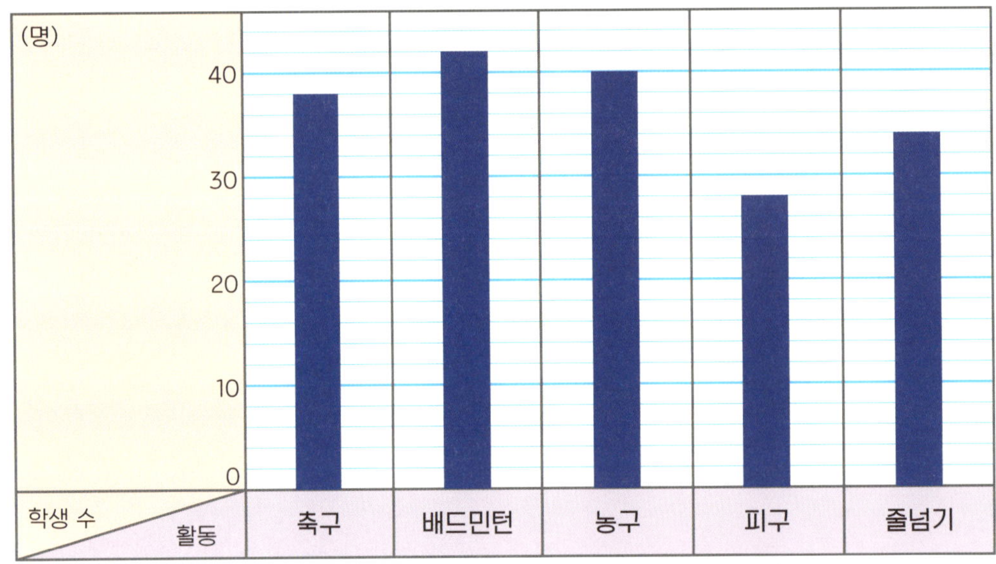

5. 세로 눈금 한 칸은 몇 명을 나타내나요?

6. 축구를 하고 싶어 하는 학생은 몇 명인가요?

7. 가장 많은 학생이 하고 싶어 하는 활동은 무엇인가요?

8. 가장 적은 학생이 하고 싶어 하는 활동은 무엇인가요?

9. 체육 시간에 하고 싶어 하는 활동별 학생 수가 축구보다 적은 것은 무엇인가요?

준호네 학년의 반별 학급 문고 수를 조사하여 나타낸 막대그래프입니다. 물음에 답하세요.

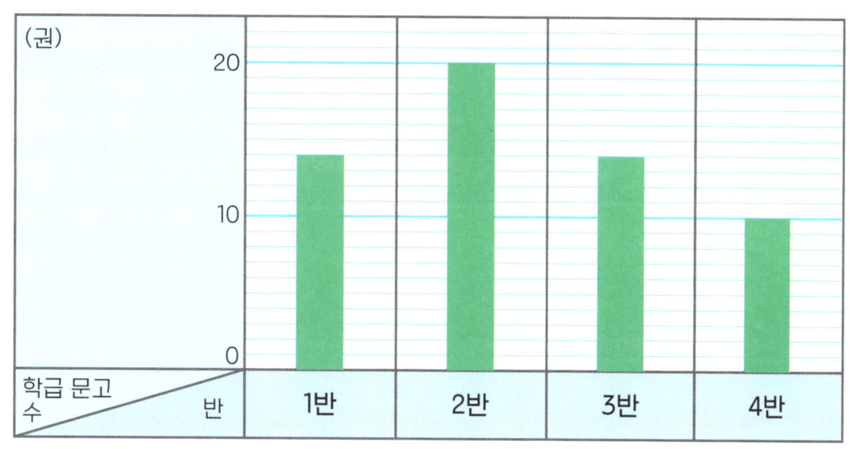

10. 1반의 학급 문고는 몇 권인가요?

11. 학급 문고 수가 같은 반은 몇 반과 몇 반인가요?

12. 학급 문고 수가 4반의 2배인 반은 몇 반인가요?

13. 다음은 재영이네 반 학생들이 현장 체험 학습으로 가고 싶어 하는 장소를 조사하여 나타낸 막대그래프입니다. 가고 싶어 하는 학생 수가 많은 장소부터 순서대로 써 보세요.

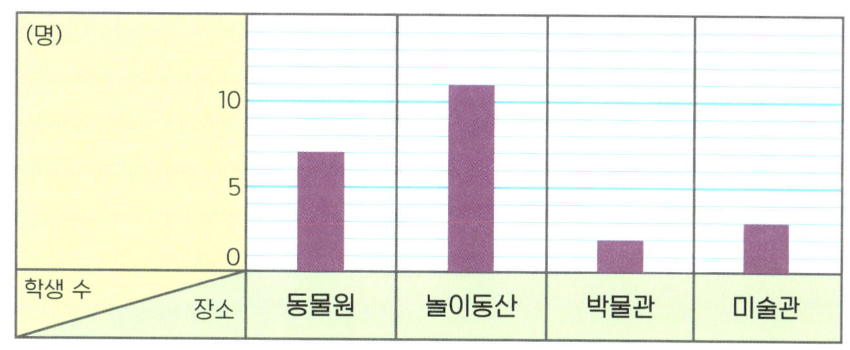

유리네 반 학생들이 좋아하는 간식을 조사하여 막대그래프로 나타내려고 합니다. 물음에 답하세요.

좋아하는 간식

간식	햄버거	떡볶이	피자	만두	합계
학생 수(명)	5		7	2	23

14. 조사한 전체 학생 수는 몇 명인가요?

15. 좋아하는 간식으로 떡볶이를 고른 학생은 몇 명인가요?

16. 표를 보고 막대그래프를 완성해 보세요.

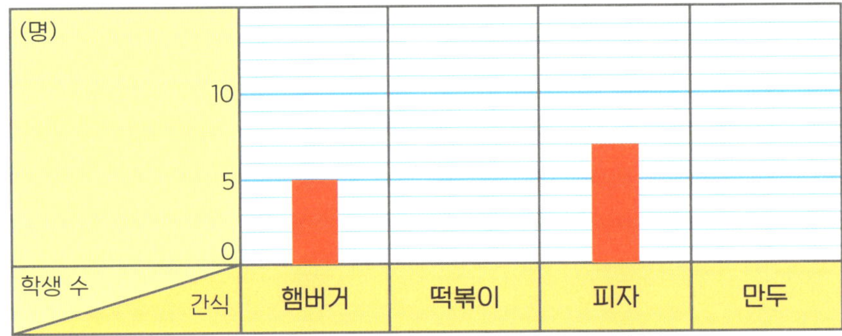

17. 막대가 가로인 막대그래프로 나타내어 보세요.

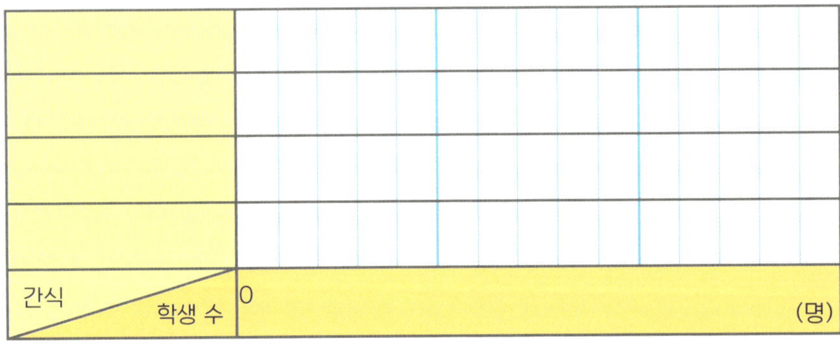

 주헌이가 친구들을 대상으로 좋아하는 텔레비전 프로그램에 스티커를 붙이도록 했습니다. 조사한 자료를 보고 물음에 답하세요.

좋아하는 프로그램

만화	스포츠	예능	드라마

18. 수집한 자료를 표로 나타내어 보세요.

좋아하는 프로그램

프로그램	만화	스포츠	예능	드라마	합계
학생 수(명)					

19. 표를 막대그래프로 나타내어 보세요.

좋아하는 프로그램

20. 가장 많은 학생이 좋아하는 프로그램은 무엇인가요?

 어떤 지역의 강수량을 조사하여 나타낸 꺾은선그래프입니다. 물음에 답하세요.

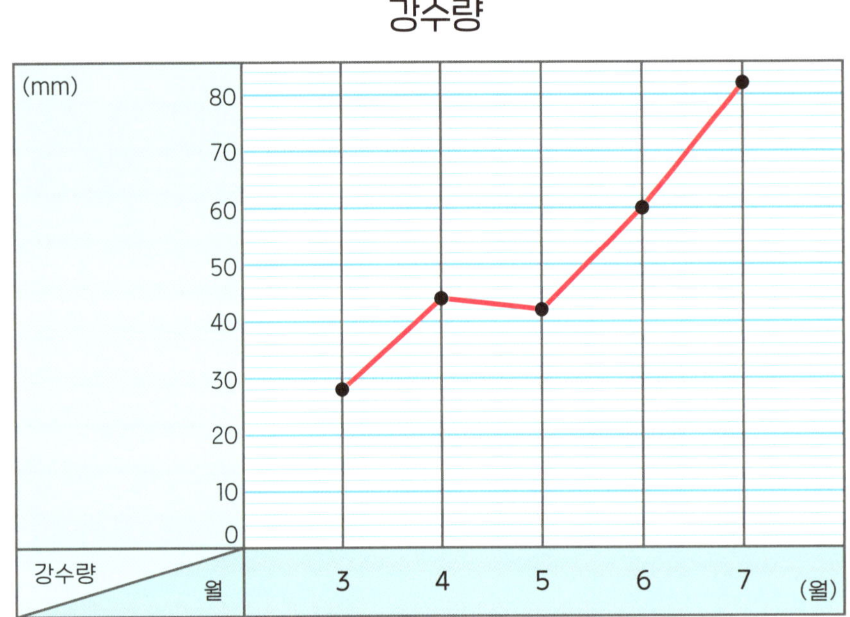

21. 세로 눈금 한 칸은 몇 mm를 나타내나요?

____

22. 3월의 강수량은 몇 mm인가요?

____

23. 강수량이 42mm인 때는 몇 월인가요?

____

24. 전달과 비교하여 강수량이 가장 많이 늘어난 때는 몇 월인가요?

____

25. 전달과 비교하여 강수량이 줄어든 때는 몇 월인가요?

____

 사랑초등학교의 연도별 4학년 한 학급의 학생 수를 조사하여 나타낸 꺾은선그래프입니다. 물음에 답하세요.

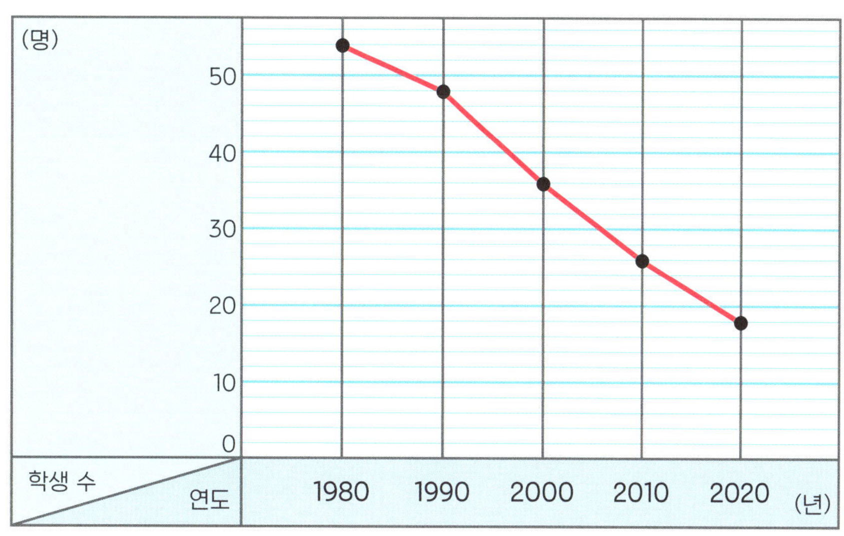

26. 세로 눈금 한 칸은 몇 명을 나타내나요?

27. 1990년도에 4학년 한 학급의 학생 수는 몇 명인가요?

28. 4학년 한 학급의 학생 수는 매년 어떻게 변하고 있는지 알맞은 말에 ○표 하세요.

줄어들고 있습니다.　　　　　늘어나고 있습니다.

29. 2015년 사랑초등학교 4학년 한 학급의 학생 수는 몇 명일지 예상해 보세요.

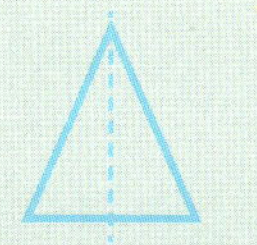

정답

11쪽

친구

14쪽

(위에서부터)
금색
흰색
4명
2명
빨간색

13쪽

(위에서부터) O, X, O, X

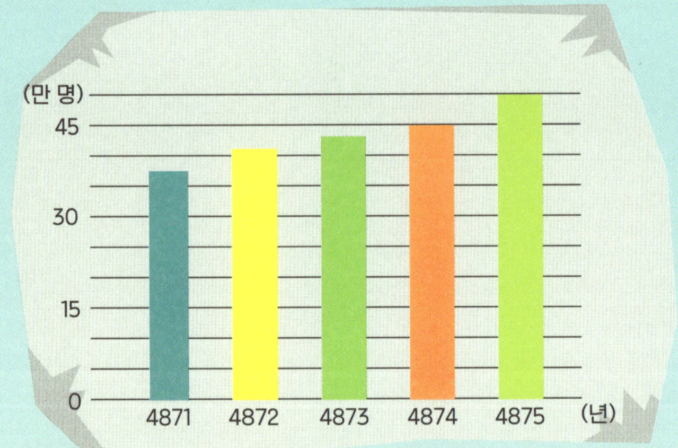

15쪽

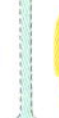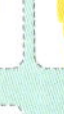

16~17쪽

19쪽

도깨비 왕이 동굴 밖으로 나왔어요. 그리고 도시를 향해
거대한 바위를 던졌지요.
만약 건물이 비어있지 않았다면, 거대한 바위는 모든 주민을 죽였을 지도 몰라요.
다행히 난쟁이들은 집에 있지 않았어요.
그리고 염소들은 들판에 나가 있었지요.
그 후에 난쟁이 왕은 도깨비 왕을 공격하기로 했어요.
난쟁이 왕은 도깨비 왕을 이길 경우에만 쉴 수 있을 것이며,
그렇지 않다면 그는 죽을 것이라는 사실을 알고 있었어요.
엄청난 전투였어요. 칼이 부딪히는 굉음에 귀가 멀 것만 같았지요.
두 왕은 최선을 다해 싸웠어요.
난쟁이 왕이 도깨비 왕을 무찔렀고, 그 후에 그는 겨우 쉴 수 있었습니다.

21쪽

요리	주문 횟수(회)
버섯 튀김	1
버섯 리조또	8
버섯 수프	9
버섯 옥수수죽	8
버섯 구이	2

(위에서부터)
버섯 수프
버섯 튀김
1명, 갠돌프
버섯 구이

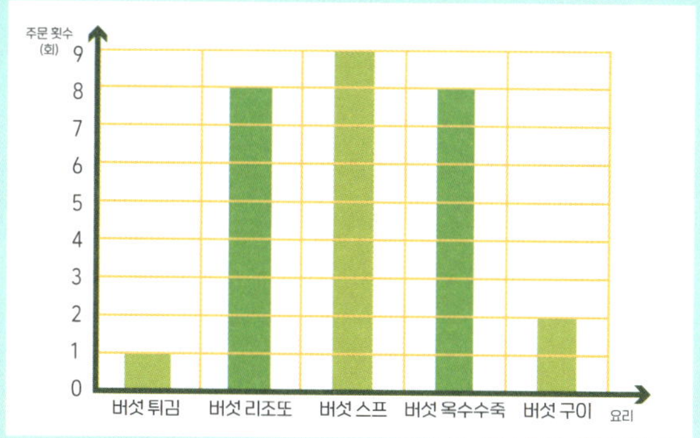

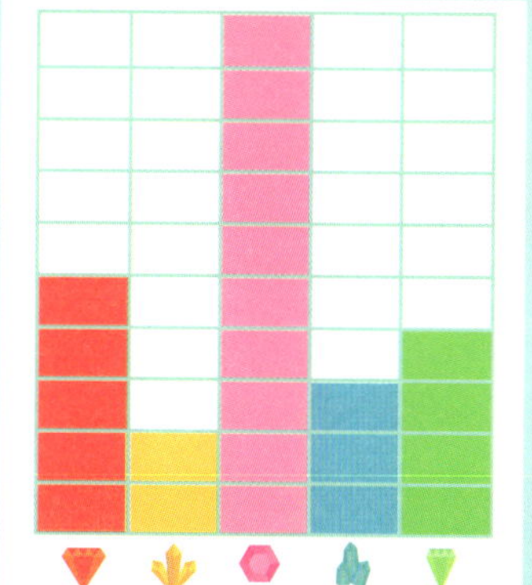

(위에서부터) 자수정, 토파즈, 24개

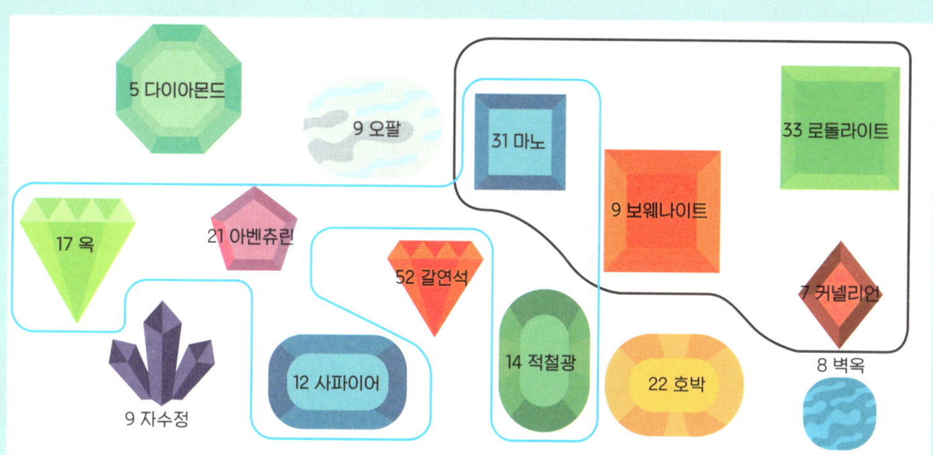

답: 31 마노

27쪽

(위에서부터)

다 집합에는 빨간색 보석이 __7__ 개 있어요.

나와 다의 교집합에는 빨간색 수정이 __2__ 개 있어요.

황수정은 __나__ 집합에 있어요.

루비는 __다__ 집합에 있어요.

28~29쪽

10을 빼고 5를 빼는 것을 반복하는 규칙입니다.

7을 더하고, 9를 빼고, 3을 더하는 것을 반복하는 규칙입니다.

가로줄, 세로줄에 서로 다른 룬 문자가 놓여야 합니다.

32~33쪽

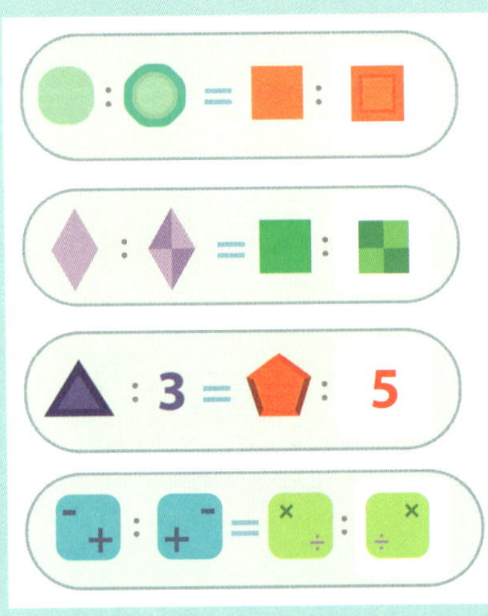

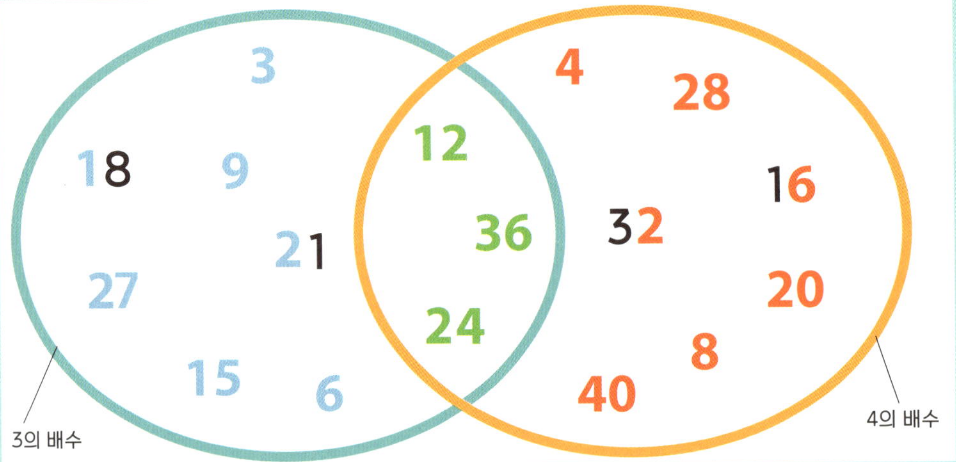

주문: "12, 36, 24는 3과 4의 공통인 배수이다."

34쪽

② ① ③

35쪽

앞으로 5분 안에 왕자가 있는 방은 불에 탈 것입니다.

38~39쪽

공통으로 들어 있는 구슬:

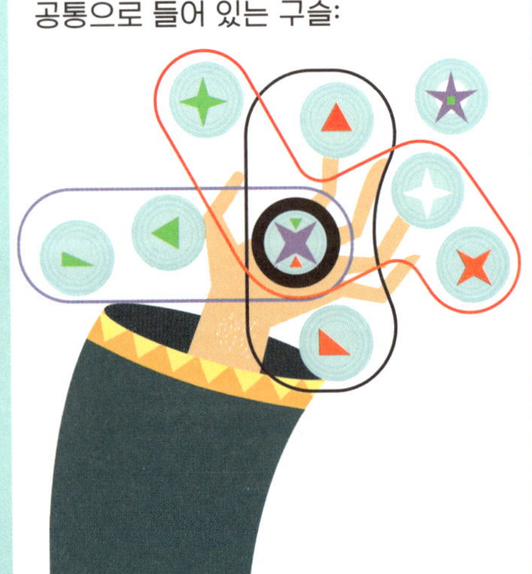

36~37쪽

(예)

40~41쪽

42~43쪽

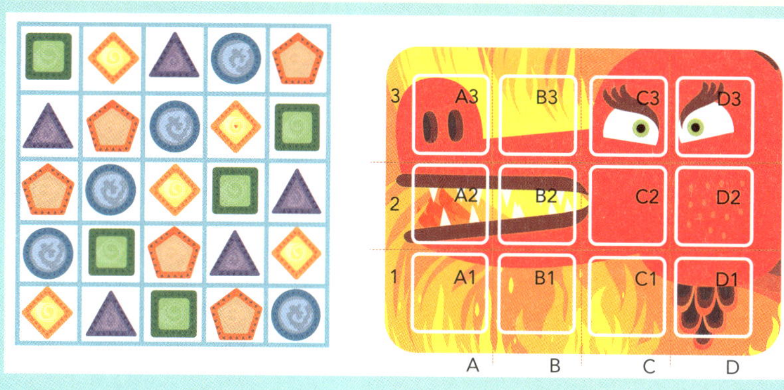

44~45쪽

(왼쪽부터)
53
염소
28 = 5 × 3 × 2
수학 마법사 갠돌프가 채소를 요리합니다.
나무
13

46~47쪽

48~49쪽

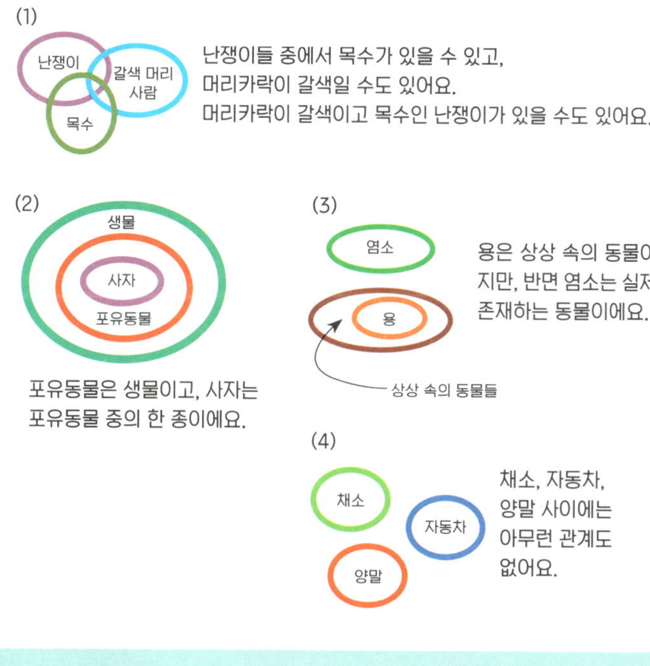

(1) 난쟁이들 중에서 목수가 있을 수 있고, 머리카락이 갈색일 수도 있어요. 머리카락이 갈색이고 목수인 난쟁이가 있을 수도 있어요.

(2) 포유동물은 생물이고, 사자는 포유동물 중의 한 종이에요.

(3) 용은 상상 속의 동물이지만, 반면 염소는 실제 존재하는 동물이에요.

(4) 채소, 자동차, 양말 사이에는 아무런 관계도 없어요.

50~51쪽

예 (1) 9 × 3 + 6 − 5 = 28, (2) 4 × 8 − 2 + 5 = 35,
(3) 6 × 6 + 5 − 4 = 37, (4) 3 × 7 + 9 − 1 = 29
(5) 37 − 29 = 8

52~53쪽

54~55쪽

규칙:
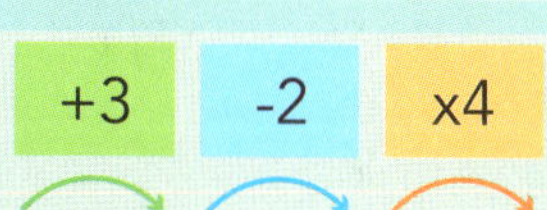 +3 -2 x4

수 배열: 1, 4, 2, 8, 11, 9, 36, 39, 37, 148, 151, 149

56쪽

1.

취미	보드게임	독서	악기 연주	운동	합계
학생 수(명)	7	5	4	8	24

2.

취미	학생 수
보드게임	♥ ♥ ♥
독서	♥
악기 연주	♥ ♥ ♥ ♥
운동	♥ ♥ ♥ ♥

57쪽

3. 24개

4. 별마을, 달마을 / 적습니다 / 2

58쪽

5. 2명

6. 38명

7. 배드민턴

8. 피구

9. 피구, 줄넘기

59쪽

10. 14권

11. 1반, 3반

12. 2반

13. 놀이동산, 동물원, 미술관, 박물관

14. 23명   15. 9명

16. 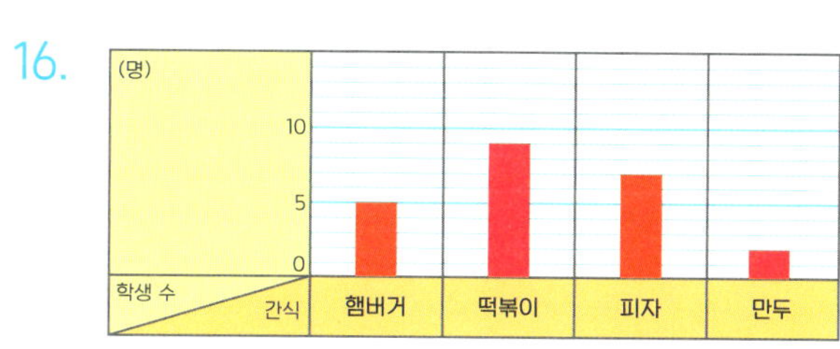

17. 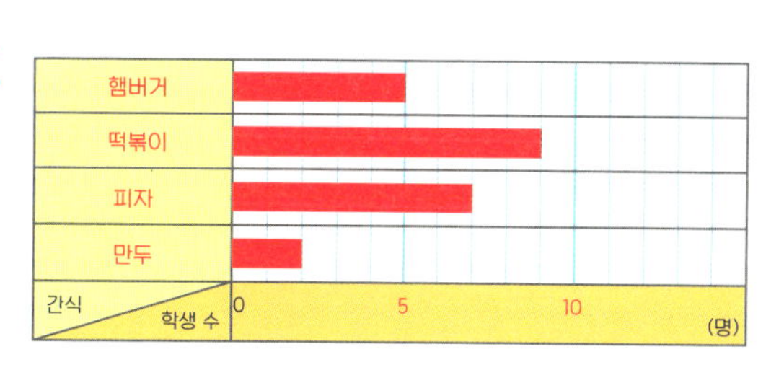

18.

프로그램	만화	스포츠	예능	드라마	합계
학생 수	8	6	10	3	27

19. 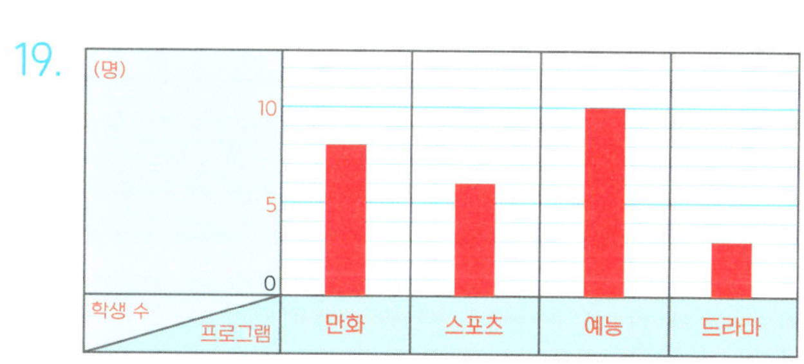

20. 예능

21. 2mm   22. 28mm   23. 5월   24. 7월   25. 5월

26. 2명   27. 48명   28. 줄어들고 있습니다.

29. 예 2015년에는 2010년의 26명과 2020년의 18명의 중간인 22명일 것입니다.

수빠맨 과 함께하는 초등 수학 학습 로드맵

쉽고 재미있게 초등 수학 전 과정을 배워 보세요.

초등 수학 교육 과정

수와 연산	도형과 측정
변화와 관계	자료와 가능성

영역	권	권 제목	세부 영역	학습 주제	권장 학년	학습 내용
수와 연산 기본	1	숫자 영웅들의 수학 모험	수와 연산	·수 ·도형 기초	1학년	· 0에서 9까지 수 익히기 · 여러 가지 선 알기 · 평면도형 개념 알기 · 도형의 안과 밖 깨치기
	2	덧셈 뺄셈 몬스터 왕국	수와 연산	·덧셈과 뺄셈 기초	1학년	· 두 자리 수 익히기 · 모양과 크기가 같은 도형 찾기 · 덧셈식과 뺄셈식의 기초
	3	나무마니 마을의 더하기 빼기	수와 연산	·덧셈과 뺄셈 심화	1학년	· 세 수의 덧셈식과 뺄셈식 · 100까지 수 익히기 · 좌표 읽기 기초 · 묶어 세기
	4	곱셈구구 나라의 비밀	수와 연산	·곱셈과 나눗셈 기초	2학년	· 곱셈구구 · 곱셈식과 나눗셈식 · 복잡한 계산식 쉽게 풀기
	5	사칙연산 바다를 지켜라	수와 연산	·사칙연산 기초	2학년	· 연산 규칙 찾기 · 여러 가지 방법으로 복합 사칙연산 하기 · 덧셈과 뺄셈의 관계를 식으로 나타내기
	6	곱셈 공장 수리 작전	수와 연산	·사칙연산 심화	2학년 ~ 4학년	· 곱셈·나눗셈 세로식 풀이 · 곱셈의 교환법칙과 결합법칙 · 약수와 배수 · 나눗셈의 몫을 곱셈식으로 구하기

영역	권	권 제목	세부 영역	학습 주제	권장 학년	학습 내용
수와 연산 심화	7	곱셈 나눗셈으로 요리를 뚝딱	수와 연산	· 곱셈과 나눗셈 심화 · 분수 기초	3학년 ~ 5학년	· (몇십)×(몇)을 구하기 · (몇십)÷(몇)을 구하기 · 똑같이 나누기 · 분수로 나타내기 · 단위분수 개념
	8	분수 도둑을 잡아라	수와 연산	· 분수	3학년 ~ 5학년	· 분자와 분모 · 크기가 같은 분수 만들기 · 분수 크기 비교 · 분수 계산
	9	소수 해적단의 바다 탐험	수와 연산	· 소수 · 백분율	3학년 ~ 6학년	· 소수 개념 · 소수 크기 비교 · 소수 계산 · 백분율 개념과 분수를 백분율로 치환하기
	10	수학 마법의 성에서 규칙 찾기	수와 연산	· 사고력 연산	2학년 ~ 5학년	· 수 배열 규칙 찾기 · 읽고 이해해서 푸는 문해력 연산 · 연산식으로 암호 풀기 · 연산 미로

영역	권	권 제목	세부 영역	학습 주제	권장 학년	학습 내용
도형과 측정, 변화와 관계, 자료와 가능성	11	공룡을 재는 여러 단위	측정	· 길이 · 들이 · 무게 · 시간	2학년 ~ 3학년	· 길이, 넓이, 무게, 들이의 단위 · 기호를 숫자로 나타내기 · 시간과 시계 읽는 법 · 섭씨 온도와 화씨 온도
	12	규칙 유령이 사는 집	변화와 관계	· 규칙과 추론	2학년 ~ 4학년	· 수 배열 규칙 추론 · 계산식에서 규칙 추론 · 무늬에서 규칙 추론 · 도형의 배열에서 규칙 추론
	13	도형과 함께 우주 탐험	도형	· 도형 · 공간	3학년 ~ 6학년	· 선의 종류(선분과 직선) · 각과 직각 · 평면도형 · 정다면체 · 대칭이동과 회전이동, 평행이동
	14	숫자와 그래프로 마을을 구하라	자료와 가능성	· 그래프 · 집합	3학년 ~ 6학년	· 표와 그래프 읽기 · 자료 조사와 표, 그래프로 나타내기 · 벤 다이어그램과 집합 · 비례식

글 | 테크노사이언스

박물관, 기업 등 수많은 기관을 대상으로 수학, 과학, 기술, 환경 등의 정보를 전파하는 데 15년 이상 참여해 온 작가 및 교육자 집단입니다. 이들이 만든 책은 세계 여러 나라에서 출판되었으며 생각과 행동, 감정의 변화를 이끌어내고 있습니다.

그림 | 아그네세 바루치

ISIA(최고예술산업연구소)에서 그래픽을 공부했습니다. 2001년부터 일러스트레이터이자 작가로 활동하고 있으며 청소년을 위한 책들을 출판했습니다.

감수 | 송용진

한국을 대표하는 위상수학자입니다. 서울대학교 수학과를 졸업하고 미국 오하이오주립대에서 박사학위를 받았습니다. 오랫동안 영재교육과 수학올림피아드에 대한 일을 해 왔으며 지금은 국제 수학올림피아드 선출직 위원(IMO Board Member)으로 활동하고 있습니다. 쓴 책으로 《수학은 우주로 흐른다》, 《영재의 법칙》, 《수학자가 들려주는 진짜 논리 이야기》 등이 있습니다.

15쪽: 알록달록 난쟁이들

16쪽: 규칙적인 무늬

17쪽: 규칙적인 무늬

22~23쪽: 불이야!

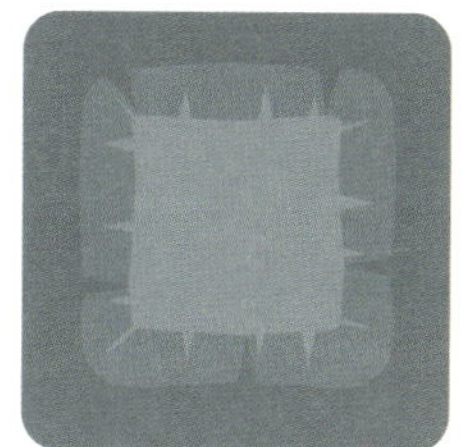

 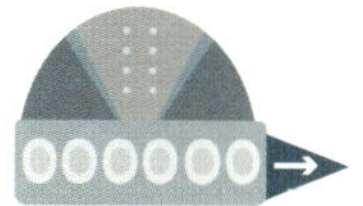  

38쪽: 불꽃을 다루는 주문

42쪽: 펜던트에 보석을 붙여야 해!

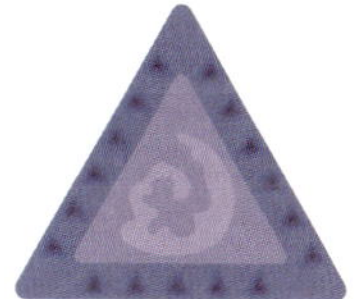   

43쪽: 누구일까?

A1

C2

B3

C3

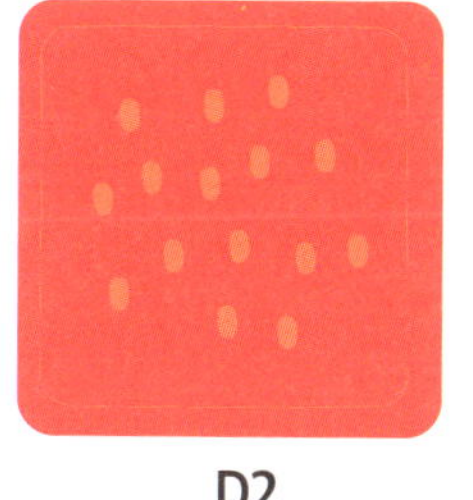
D2

C1

B2

A3

B1

A2

D1

D3

 49쪽: 어둠의 군주

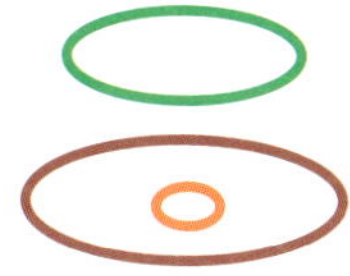   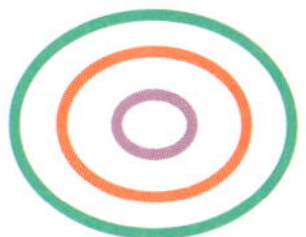

   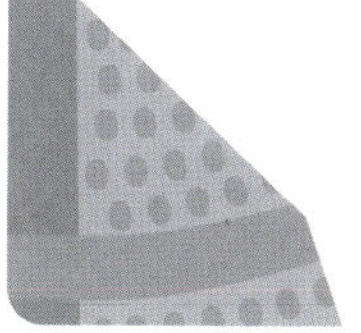

 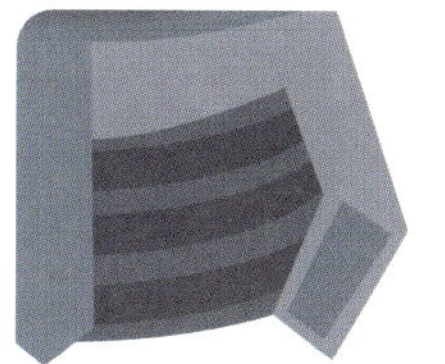  

54쪽: 찰칵!